服装制板师岗位实训

（上册）

胡莉虹　张华玲　编著

中国纺织出版社

内 容 提 要

本教材遵循"以服务为宗旨，以就业为导向"的教育理念，设置服装制板基础、针织女装制板、童装制板和男休闲装制板四大模块，以企业真实的生产订单为原始素材，采用"订单式"工作过程导向设计编排，即以完成某订单生产任务为工作项目，按实际生产中工作流程的顺序，以"流程化"的方式编排教材，以应对工作过程中实际应用的技术理论和技能训练，突出企业生产订单素材的人文加工、操作的人性关怀，达到掌握专业知识、岗位技能和职业素质三方面综合能力的目的。

图书在版编目（CIP）数据

服装制板师岗位实训. 上册 / 胡莉虹，张华玲编著. -- 北京：中国纺织出版社，2017.10
ISBN 978-7-5180-3984-5

Ⅰ. ①服… Ⅱ. ①胡… ②张… Ⅲ. ①服装量裁—岗位培训—教材 Ⅳ. ① TS941.631

中国版本图书馆 CIP 数据核字（2017）第 215974 号

策划编辑：宗 静 华长印　责任编辑：宗 静
特约编辑：何丹丹　责任校对：武凤余　责任印制：何 建

中国纺织出版社出版发行
地址：北京市朝阳区百子湾东里A407号楼　邮政编码：100124
销售电话：010-67004422　传真：010-87155801
http://www.c-textilep.com
E-mail：faxing@c-textilep.com
中国纺织出版社天猫旗舰店
官方微博 http://weibo.com/2119887771
北京玺诚印务有限公司印刷　各地新华书店经销
2017年10月第1版第1次印刷
开本：787×1092　1/16　印张：18.25
字数：297千字　定价：48.00元

前言

　　服装制板师岗位是服装企业非常重要和核心的技术工种，它是服装由设计构思到成批生产过程中的关键环节。

　　本书遵循"以服务为宗旨，以就业为导向"的教育理念，打破了以往制板书以传统典型的服装款式为案例的编写模式，而以企业最新真实的订单为原始素材，采用"订单式"工作过程导向设计编排，即以完成某订单生产任务为工作项目，按实际生产中工作流程的顺序，以"流程化"的方式编排书籍。"订单式"项目设计直接将企业真实的生产订单和工作流程纳入实训项目，使学习者能真实感受企业制板工作实际，实现教学过程与工作过程的融合，以适应就业岗位的需求。每个订单任务的内容都按企业制板生产流程编排，以对应工作过程中实际应用的技术理论和技能训练，使学习者对工作岗位流程一目了然，有利于学习的连贯性。任务实施过程通过"想一想"、"试一试"、"重点提示"、"拓展知识"等人性化文字，改变传统制板书的抽象枯燥性，突出企业生产订单素材的人文加工、操作的人性关怀，深入浅出，使学习者能真实感受企业制板工作实际，掌握专业知识、岗位技能和职业素质三方面综合能力。

　　本书内容不局限于女装、男装等某个品类，而是根据服装产业经济特点，开发品种导向型定制化模块式体系，即针对服装产品品种开发相应模块的岗位实训内容，如开发针织女装制板模块、童装制板模块、男休闲装模块等，其中童装制板模块下设置0～3岁婴幼儿模块、4～6岁小童模块、7～12岁中童模块，多种模块式内容可定制选择，学习者可根据个人发展需求选择某个产品模块内容，进行有针对性地学习和训练，大大地提高学习效率。

　　由于编者的水平有限，本书难免有欠缺和错漏之处，恳请各位读者和专家不吝指教，以便在修订时改进和完善。

编　者
2017 年 7 月

目录

基础模块：服装制板基础

实践模块：针织女装制板

基础模块：

服装制板基础

模块一　职业概况与职业能力

学习目标

1. 了解服装制板在企业生产中的地位。
2. 了解服装制板师岗位的工作流程和工作内容。
3. 认识服装制板师所需具备的职业技能和专业知识。

学习重点

1. 服装制板师岗位工作内容的先后顺序和流程性特点。
2. 服装制板师职业技能和专业知识的关联性。

项目一　职业概况

服装企业生产一般有自主开发设计生产和订单加工生产两种，要将自主开发设计或订单中的服装款式图投入生产制作，需要经过制板这一中间环节。制板既是款式造型的延伸和发展，也是工艺生产的准备和基础，是服装从设计或订单到生产制作的关键环节，制板在服装企业中占有极其重要的地位。

服装制板师是服装企业里从事服装制板工作的人员，是服装生产之前制作服装样板的专业人员。其工作内容一般包括：按照设计师或者客户的要求完成样板制作，负责指导样衣工制作样衣，解决板型与工艺质量问题，做好批量生产款式的推档工作和参与生产过程的质量控制等。

服装制板师应熟悉服装生产全过程和服装制板、服装工艺、服装质量检验等技术，能领会设计师或客户的意图，具有各种不同服装结构与板型分析以及制作能力。其职业能力特征是具有较强的观察、分析和制板能力，有良好的团队协作精神和沟通能力，并且有强烈的事业心，善于不断学习，努力提高工作技能。

项目二　职业能力

工作流程	工作内容	职业技能	专业知识
一、服装分析	（一） 订单或设计图分析	1. 能准确理解服装款式结构 2. 能识别常用服装材料 3. 能分析各种式样机织和针织服装的缝制工艺	1. 掌握服装款式设计知识 2. 熟悉面、辅料分类，规格，性能 3. 了解各种式样机织和针织服装部件和组装的缝制要领
	（二） 服装号型规格设计	1. 能正确制订服装号型规格 2. 能正确测量人体主要部位尺寸	1. 了解服装规格和号型知识 2. 熟悉人体结构和人体测量方法
二、服装制板	（一） 服装结构制图	能进行不同品种服装结构制图	熟悉不同品种服装结构设计原理
	（二） 基础样板制作	能制作不同品种服装的基础样板	掌握服装基础样板制作方法
三、样板检验	（一） 通过指导样衣制作检验样板	1. 具有指导样衣制作能力 2. 具有检验样衣缝制部位质量的能力 3. 具有测量样衣规格尺寸的能力	1. 熟悉不同服装缝制工序和工艺要领 2. 了解服装质量管理的内容 3. 熟悉成衣规格尺寸及测量标准
	（二） 修正样板	具有分析与解决样衣质量与板型问题的能力	掌握服装基础样板修正原理和方法
	（三） 复核样板	能进行样板片数的标注，各部分拼接和长度检查	1. 熟悉样板制作标准 2. 熟悉样板各部分拼接、长度检验方法
四、样板缩放	服装样板缩放	1. 能选择适合的推板方法进行样板缩放 2. 能运用CAD技术完成服装样板缩放	1. 熟悉服装推板原理和方法 2. 熟悉CAD的基础知识和基本功能

模块二　服装制板师岗位工作任务

学习目标

1. 了解服装分析的内容。
2. 了解样板制作的工作内容。
3. 了解样板检验的工作内容。
4. 了解样板缩放的常用方法。

学习重点

1. 服装分析对制板的重要性。
2. 样板的种类和用途。
3. 三种常用样板缩放方法的区别。

项目一　服装分析

服装分析是服装制板师工作的首要内容，是指对服装款式、材料、工艺和号型规格等的分析，内容包括：认真领会客户订单款式要求或设计师的设计意图，对订单或设计图进行服装款式、材料和工艺等分析，在此基础上进行服装号型规格分析和设计，为后面制板奠定基础。服装分析的正确与否会直接影响制板的准确性，因此，这一环节必须得认真细致，必要时要反复地跟客户或设计师进行沟通。制板师一方面要充分尊重客户或设计师的想法，对服装设计意图做到心中有数；另一方面可凭借自身的经验给客户和设计师提出建设性的意见，使服装设计能更好地实现生产。

一、订单或设计图分析

服装企业生产一般有订单加工生产和自主开发设计生产两种，订单加工生产是客户提供样衣和生产制造单，如图2-1所示，生产制造单中通常会有款式、材料、规格尺寸和必要的工艺说明，样衣则将这些方面更加直观详细地体现出来。样衣和生产制造单都是服装制板的重要依据，但制板师要事先与客户进行沟通，才能对样衣和生产制造单进行正确详细地解读，使产品更符合客户需求。

生产制造单

款号：19561-00婴儿套装(上衣+裤子)　　面料：上衣—剪毛绒80%棉20%涤220G/M2 单染

数量：21360套　　　　　　　　　　　　　　　黄色51、绿色47、米白1

货期：2014年11月30日　　　　　　　　　　裤子—剪毛绒80%棉20%涤240G/M2色织

　　　　　　　　　　　　　　　　　　　　1)黄色51/米白1/中蓝87

　　　　　　　　　　　　　　　　　　　　2)米白1/绿色47/黄色51

款式：上衣—普通圆领，左右开襟各2粒五爪扣；
　　　胸前上半部分拼片；下摆双针。胸前拼片
　　　后绣花，下拼片有一PU标(具体位置同样
　　　衣)，穿起左计离下摆双针线4CM有一旗
　　　唛。一整件素色

裤子：有脚，2片；腰头松紧带。整件色织。

绣花厂：天宝、瑞丰

洗水标车于上衣后领中及裤后腰头中。

注：第一组黄色51的绣花50～56码应缩小15%。

颜色/数量/尺码：

上衣(素色)：	大身	胸前拼片	左右肩五爪扣	旗唛	PU标	绣花厂
第一组	黄色51	米白1	黄色51+米白1	狗头	车轮	天宝
第二组	米白1	绿色47	米白1+绿色47	脚掌	笔	瑞丰

裤子(色织)：	大身
第一组	黄色51/米白1/中蓝87
第二组	米白1/绿色47/黄色51

	50	36	62	68	计
第一组	1780	3560	3560	1780	=10680套
第二组	1780	3560	3560	1780	=10680套

计：21360套

一、制作要求：

1. 裁剪应注意面料剪毛绒，整件统一方向裁法。

2. 前后领应宽窄一致。(注意肩开口五爪扣应配色，领配领色，大身配大身色)

3. 裤色织条不可歪斜，应正直，PU标车于直靠右边英文字母下边。

4. 整套衣服应整洁，不可有油污。

5. 整套锁边应顺直，十字缝对齐。

6. 应严格按尺寸表生产大货。

制单人：　　　　　日期：　　年11月8日　　　第一页

图 2-1　生产制造单

如果是企业自主开发设计的服装，制板师要先与设计师进行沟通，了解设计师对款式、材料、工艺、尺寸规格等细节的要求，综合考虑企业生产条件、经济成本等服装生产可行性和合理性，再由制板师制定设计订单，见表2-1，使服装设计师的理念转化为可现实操作的服装样式。

表2-1　产品设计订单

编号	ZZ-201	品名	双层花瓣袖蕾丝娃娃领T恤	季节	夏季

面料A

面料B

里料

正视图　　　　　　　背视图　　　　　　　里料

尺寸规格表（单位：cm）

部位＼号型	S	M	L	XL
后中长	54.5	56	57.5	59
肩宽	33	34	35	36
胸围	80	84	88	92
腰围	72	76	80	84
摆围	82	86	90	94
袖长	14.5	15	15.5	16
袖口	27	28	29	30
领宽	19.5	20	20.5	21

款式说明

1. 整体款式：较紧身合体，长度到臀围线以下
2. 领子特点：娃娃领，属坦领类
3. 袖子特点：一片式花苞短袖
4. 开口特点：后领中开口，装橡筋系扣

材料说明

1. 面料说明：衣身采用素色平纹针织面料，经纬向均有较大弹性，领面采用白色蕾丝面料，领里采用白色里料
2. 辅料说明：后领中开口左边装细橡筋，右边钉珠光纽扣

工艺说明

1. 侧缝、袖窿采用五线包缝，下摆折边双针链缝
2. 领口装领子，缝边包贴滚条
3. 袖口采用卷边缝，缉0.2~0.3cm宽明线
4. 后领中开口做滚条开衩处理

从表 2-1 可看出订单或设计图的分析主要包括款式分析、材料分析和工艺分析。

（一）款式分析

款式分析是指对服装整体廓型，内部结构线，领、袖、口袋等各个部件位置、形状、大小的分析。在确定服装规格尺寸时，制板师要充分理解服装款式造型的特点，其中服装的整体廓型一般会影响肩宽、胸围、腰围和摆围等横向尺寸的加放量。例如，有的上衣款型是上宽下紧的"V"型，这种造型肩宽较宽下摆较紧，所以要注意下摆的放松量较小，同时加大肩宽的尺寸。

（二）材料分析

材料分析是指对服装所要采用的面料、辅料的分析。制板师要熟悉服装将要采用的面料、辅料的种类、规格和性能，如面料是否有弹性，是否会影响样板尺寸的加放量，如裙子拉链是用隐形拉链还是普通拉链，选用不同的拉链，样板的制作是不同的，装普通拉链的裙子缝边的加放量要比装隐形拉链的大，如图 2-2 所示。还有不同纽扣规格会影响搭门量的设置，如纽扣大，搭门量就大；如纽扣小，搭门量就小，分析工作做得越详细，后期就可减少后面样板修改的次数，节约时间和成本。

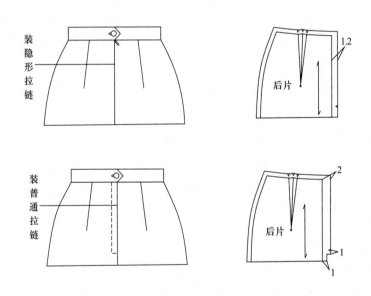

图 2-2　根据面料选用拉链

（三）工艺分析

工艺分析是指对服装各部件缝制工艺和组装工艺的分析。对于有样衣的情况，可根据样衣的缝合线和压缉线判断其工艺类型；没有样衣，要根据款式图情况分析其工艺类型，有些服装款式部位可以用不同的制作工艺实现，单从分析中看不出哪种制作工艺更好。如图 2-3 所示，上衣款式为单层无袖背心，袖窿的制作工艺既可以用贴边制作，也可以用贴滚条加暗缲边的方式制作，后者工艺要求比前者讲究，一般适用于较高档的服装，如旗袍等，前者则适用于睡衣等休闲服装。面对这种情况，制板师就要凭借自身的经验选择合适的制作工艺，并进行相应的板型处理。

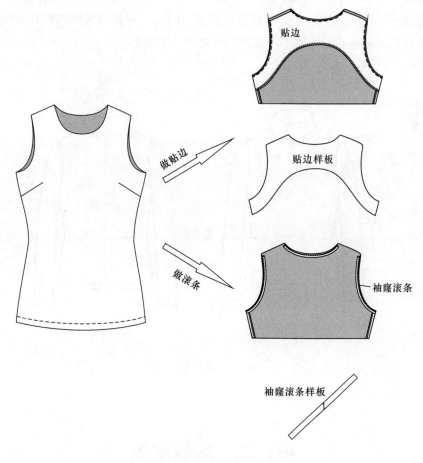

图 2-3 工艺分析

二、服装号型规格设计

（一）国家号型标准

我国对各类服装规格设计作出了统一技术规定，即国家服装号型标准。自主开发设计的企业会以国家服装号型标准为依据，产品号型规格设计会考虑针对的人群状况、体型特征、穿衣习惯、号型的覆盖率等因素，根据产品销售地区的人体体型特点及人群着装习惯来设定产品的规格，成熟的企业会逐渐形成自己企业内部对服装样衣制作和成衣批量化生产的规格标准。

（二）客户提供的规格标准

从事来样加工生产的企业，一般须按照客户提供的号型标准确定其规格，从中筛选出有代表性的服装中间号型规格进行基础样板制作。制板时要注意的是，来样加工成衣规格表中采用的测量方法与我国标准中的规定有所不同，主要区别在于围度的测量，前者大多采用量取宽度——半围度的方法，后者测量的是总围度，对客户提供的样衣采用量取宽度的方法比量取总围度容易，也便于图示和实物对照，如图 2-4 所示。

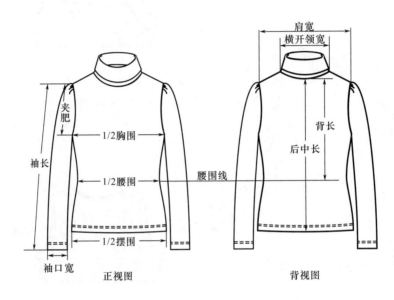

图 2-4　规格标准

项目二　服装制板

一、服装结构设计

企业批量生产的服装，结构设计是采用中间号型规格，然后根据人体体型和服装特点对服装整体和局部结构进行分析与绘制。来样加工生产的服装，一般可根据样衣和客户提供的规格尺寸进行定尺寸结构制图；对于自主开发生产的服装，制板师会根据经验尺寸直接设计或套用相似的基型进行设计；对于创新设计的服装款式，可结合原型法或立体裁剪法进行设计。

二、样板制作

用中间号型规格制图以后，经过纸样复制、检查、标注、加放缝份后产生的第一套样板称基础样板，这是制作样衣的板样，也是推板的中间码样板。

（一）样片复制和检查

1. 复制样片

结构制图后要进行样片复制，首先确定片数，不能有遗漏。复制样片时，一般先复制主片后复制部件，先复制面料样片，再复制辅料样片，需要拼接的要先拼好再复制，使样片完整无缺，按部位归类排好，如样片属前衣身的归前，属后衣身的归后，这样检查的时候就会很清楚明了，不会乱掉。

2. 检查样片

检查样片包括长度检查和拼合检查，虽然在结构制图的时候就要首次进行检查，但在复制完以后，为了防止有误，还要再次进行检查。

（1）长度检查：一般是检查样片缝合部分的长度，有些缝合边要等长，如前片、后片侧缝。有些缝合边因造型需要而不等长，长度差值即吃势量要根据款式要求、面料厚薄、弹性等因素确定，如普通男衬衫袖子的前后袖山弧线一般比衣片前后袖窿弧线长 0 ~ 1cm 吃势量，男西服大、小袖片的袖山弧线一般比衣片前后袖窿弧线长 3 ~ 5cm。

（2）拼合检查：一般是检查样片拼合处形状是否顺直、流畅，如上衣前后肩拼合后前后袖窿、前后领圈形状要匹配，如果存在问题需要修顺，方法一般是采用"整体兼顾，凹补凸修"的方式，即在保证长度、整体形状不变的条件下，将局部凹的地方补足，凸的地方修掉，使拼合处圆顺。

（二）制作样板

1. 样板种类

样板根据用途不同可以分为裁剪样板和工艺样板两大类。

（1）裁剪样板：主要是用于批量裁剪中排料、划样等工序的样板，裁剪样板又分为面料样板、里料样板、衬料样板和部件样板。

（2）工艺样板：主要在缝制过程中使用，按不同用途可分为修正样板、扣烫样板、定形样板和对位样板。

2. 制作样板

制作样板是样板制作最主要的内容，在制作样板时一般先制作净样板，再制作毛样板。

（1）制作净样板：有的衣片是连裁的，若样片取出时只有一半，要制作成完整的一片，然后再进行标注，标注分文字标注和符号标注，如图2-5所示。文字标注内容一般包括产品名称、样板号型、部件数、部件名称、部件类型等；符号标注内容主要有纱线方向、

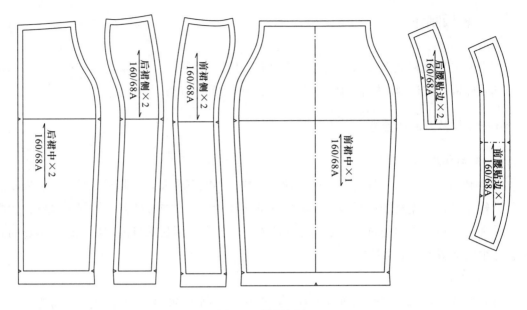

图 2-5　样板标注

省位、褶位、眼位、扣位、袋位、对位记号等；净样板所有内容标注完后要按纱向统一摆放好。

（2）制作毛样板：毛样板是在净样板的基础上加放缝份和折边量，缝份和折边量的大小主要与面料、工艺要求有关，面料容易散边的可多加放一点。样板缝份大小设计要合理，放缝准确、宽度均匀。缝份或折边转角处理方法要正确、圆顺，如图 2-6（a）所示；加缝份产生的夹角要处理成直角，有些裤口、下摆折边要进行反转角处理，如图 2-6（b）所示，以避免缝份不足而使折边不平服。

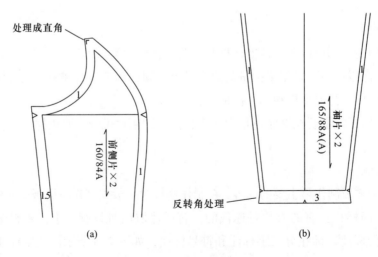

图 2-6　毛样板制作

项目三 样板检验

样板检验包括制作样衣、样板修正和复核。

一、制作样衣

为了制作的产品能够符合客户或设计师的要求，基础样板制作完后，一般要采用相同或规定的材料制作样衣，有些面料较昂贵，则可先用坯布假缝试穿调整后再用正式的面料制作。制板师需要经常跟进样衣的制作过程，对样衣制作中存在的问题进行记录，以备对样板进行修正。

二、样板修正

样衣制作完成后要进行试穿，在试穿过程中，制板师要对照客户提供的样衣或设计图，审视制作的样衣穿着效果，根据出现的问题拆开样衣进行调整，直至调试合适，并对照位置对样板进行修改。样衣检查包括三个方面：

（1）样衣造型是否符合产品设计意图，样衣尺寸是否符合规定的规格尺寸。

（2）样衣穿着时的静止状态与人体的符合程度，样衣的上下左右、前后是否平衡、松紧是否适宜。

（3）样衣穿着时的活动状态是否符合人体及款式要求。

三、样板复核

修正后的样板要再次进行复核，包括长度和拼合检查，复核后的样板将应用于批量生产，还需追加即将投产原材料的回缩量，一般用服装专业 CAD 软件里的缩水菜单进行回缩量处理，整理完成基础样板。基础样板完成后要填写样板统计表，见表 2-2。最后将样板和统计表归档，以备生产。

表2-2 工业用板统计表

号型：160/84A		产品名称：圆领高腰泡泡长袖连衣裙						
编号	部件名称	面料	数量	里料	数量	衬料	数量	辅料 / 数量
ZZ—1205	前衣片	1×1		1×1				

续表

号型：160/84A	产品名称：圆领高腰泡泡长袖连衣裙							
编号	部件名称	面料	数量	里料	数量	衬料	数量	辅料	数量
ZZ—1205	腰节		1×1		1×1				
ZZ—1205	前裙片		1×1		1×1				
ZZ—1205	后中片		1×2		1×2				
ZZ—1205	后侧片		1×2		1×2				
ZZ—1205	后裙片		1×2		1×2				
ZZ—1205	袖片		1×2		1×2				
ZZ—1205	腰节定型衬片						1×1		
ZZ—1205	拉链牵条衬						1×2		
ZZ—1205	腰节牵条衬						1×2		
									拉链1条
									垫肩1副
合计			11片		11片		5片		
备注说明		拉链规格：50cm 垫肩规格：1cm厚				编制			
						日期			

项目四　样板缩放

　　服装样板缩放是根据规格系列档差，计算出服装样板缩放部位的平均差值，将基础样板缩小或扩大成几个相似系列的样板，目前我国服装行业广泛应用服装号型规格系列放码，常用的方法主要有三种：公式法、点放码和切开线法。

一、公式法

　　在结构制图时如果按公式计算制图的话，在推板时就会将档差自动算进去进行样板的缩放，这种方法比较适合原型法和比例法制图。

二、点放码

　　点放码是指以基础样板两条相互垂直的公共线的交点为坐标原点，将样板主要控制点按规格档差计算缩放量进行移动，从而缩小或增大样板尺寸的方法。合理地选择公共线可减少缩放时的计算工作量，使板样清晰明了。不同的服装款式，公共线选择有所不同。一般情况下，上衣的公共线选用袖窿深线、前中线、后背中线；袖子的公共线选用袖山深线、袖中线；裤子的公共线选用横裆线、烫迹线；裙子的公共线选用臀围线、前后中线，如图 2-7 所示，这种方法比较适合结构变化复杂、但分割线较少的女装。

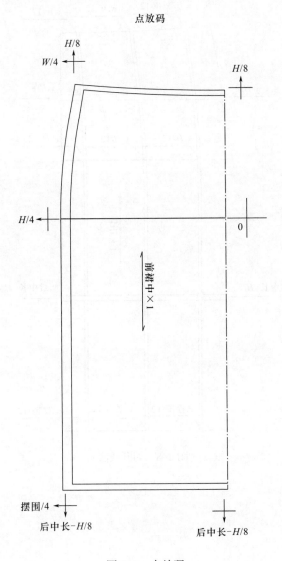

图 2-7　点放码

三、切开线法

切开线法是在基础样板上进行纵、横线分割，然后将缩放量按比例分配到纵横分割处进行样板缩放。纵横线位置一般设置在服装主要缩放的部位，如裙子纵线位置一般设置在靠侧缝、靠中缝和两者之间的位置，将围度缩放量按比例分配到各缩放位置；横线位置一般设置在臀围线与腰围线中间、臀围线与裙长线中间的位置，将长度缩放量按比例分配到各缩放位置，如图2-8所示，这种方法比较适合结构变化简单但分割较多的休闲装，如男运动装等。

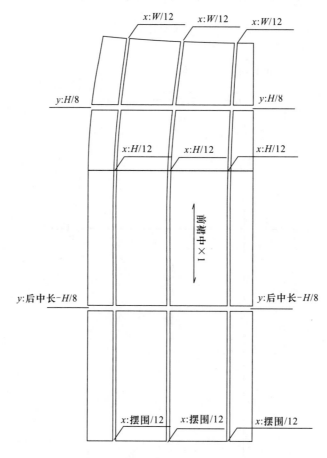

图2-8 切开线法

模块三　针织女装制板基础

学习目标

1. 认识针织女装特点。
2. 掌握成年女体测量和号型规格设计。
3. 掌握针织女装结构设计原理与方法。

学习重点

1. 针织女装号型规格设计方法。
2. 针织女装基本型的制图原理和方法。

项目一　针织女装特点

一、款式特点

针织服装具有弹性和柔软的特性，且吸湿排汗效果较好，适合贴身穿着，所以针织女装原来多用于内衣产品，常见的款式有背心、T恤衫、棉毛衣裤等，整体造型多呈 H 型、A 型、较宽松休闲，结构线多以直线为主，款式简单，如图 3-1 所示。近年来，由于材料、加工工艺以及针织机的发展，针织面料性能趋向机织面料，针织女装开始向外衣延伸，越来越时装化，出现连衣裙、西服等时尚合体服装，整体造型呈 X 型，服装结构处理运用胸省、腰省、褶裥等处理方式，使服装达到合体，如图 3-2 所示。

二、面料特点

女性人体胸部存在胸凸量，女装结构中胸部周围通常都有浮余量存在，机织服装结构设计时一般采用直接收省或转省的方法去掉浮余量，而针织面料的成布原理是套圈织法，通过线圈之间的转移、面料自身的弹性及悬垂性可消除浮余量，适应女性人体各部位的曲线变化，所以紧身型针织女装在板样处理时多可不用收省，在规格制订上可减掉放松量。大多数针织面料具有脱散和翻卷特性，在样板缝边的处理上要加放松量。

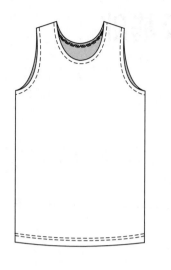

图 3-1　H 型

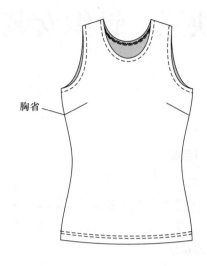

图 3-2　X 型

三、工艺特点

针织服装主要部位有领口、袖口、下摆，为避免这些部位边缘的脱散和翻卷，多采用折边、罗纹、滚边等工艺处理方式，在样板处理上要区别对待，如图 3-3 所示的背心领口采用折边工艺方式，样板领口缝边加放折边量；如图 3-4 所示的背心领口采用罗纹，前片样板领口缝边加 1cm，以便缝装罗纹领口；如图 3-5 所示的背心领口采用滚边，前片样板领口不加缝边，领口采用滚边，滚条用斜纱裁剪。

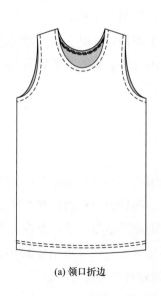

(a) 领口折边

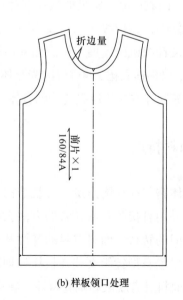

(b) 样板领口处理

图 3-3　折边工艺领口背心

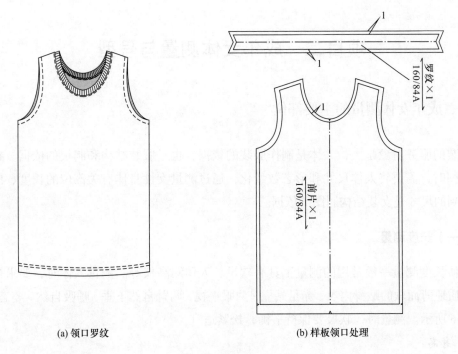

(a) 领口罗纹　　　　　　　　　(b) 样板领口处理

图 3-4　罗纹领口背心

(a) 领口滚边　　　　　　　　　(b) 样板领口处理

图 3-5　滚边领口背心

项目二　成年女体测量与号型

一、成年女体测量的主要部位

服装的服务对象是人，人体是制作服装的依据，也是服装结构和制板的依据。在服装结构制图时，需要将人体尺寸和形态数量化，通过测量女性身体有关部位的长度、围度和宽度得到的尺寸是女装结构制图的依据。

（一）长度测量

人体长度测量一般常用的测量工具有软尺、人体测高仪等。测量人体时，要求被量者应穿着质地薄而软的贴身内衣，赤足站立，两眼平视，两臂自然下垂，呼吸自然，姿态端正，如图3-6所示。测量时，软尺要保持平衡，松紧适宜。

1. 身高

立姿赤足，背靠人体测高仪，测量自头顶到地面的垂直距离。

2. 颈椎点高

立姿赤足，背靠人体测高仪，测量自第七颈椎点至足底（即地面）所得的垂直距离。

3. 腰围高

立姿赤足，背靠人体测高仪测量自腰围线至足底（即地面）的垂直距离。

4. 背长

立姿，用软尺测量从第七颈椎点沿脊椎曲线至腰围线的距离。

5. 腰至臀长

立姿，用软尺测量自腰围线沿臀部曲线至臀部最丰满处的距离。

6. 臀长

坐姿，用软尺在体侧测量自腰围线至凳子平面的距离。

7. 全臂长

立姿，手臂自然下垂，用软尺测量肩端点至腕骨点下的距离。

（二）围度测量

1. 颈围

立姿，在第七颈椎处用软尺绕颈一周测量所得的围度尺寸。

2. 胸围

立姿，自然呼吸，经肩胛骨、腋窝和乳点用软尺测量所得的水平围度尺寸。

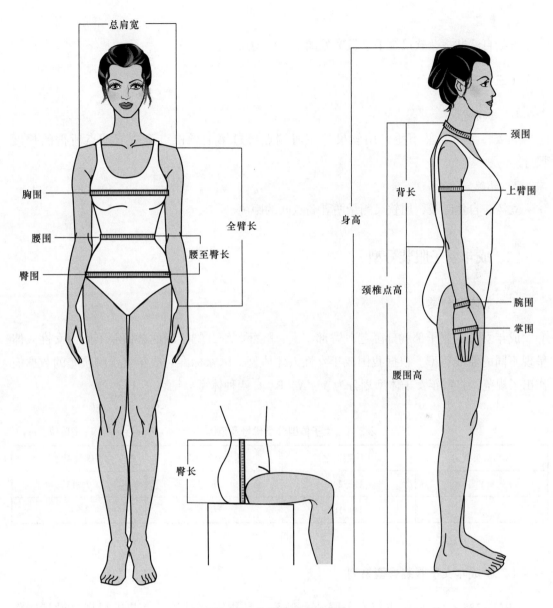

图 3-6　女体测量主要部位

3.**腰围**

立姿，自然呼吸，在腰部最细处用软尺水平测量一周的围度尺寸。

4.**臀围**

立姿，在臀部最丰满处用软尺水平测量一周的围度尺寸。

5.**上臂围**

软尺绕上臂最粗处围量一周的尺寸。

6.**腕围**

软尺绕手腕围量一周的尺寸。

7. 掌围

五指自然并拢，软尺绕手掌最宽处围量一周的尺寸。

（三）宽度测量

1. 总肩宽

立姿，手臂自然下垂，用软尺从左肩端点经过第七颈椎点至右肩端点所得的长度尺寸。

2. 乳距

立姿，自然呼吸，用软尺测量两乳高点间的距离。

二、成年女子服装号型

（一）体型分类

成年女性的躯干部胸部隆起，臀部丰满，腰部收细，胸腰围的数值差不同使女性人体呈现不同的曲线造型。根据我国成年女性人体体型，国家标准对成年女子胸腰差的数据值作出了规范，将成年女子体型划分为 Y、A、B、C 四种体型，见表3-1。

表3-1　女子体型分类代号及范围　　　　　　　　　（单位：cm）

体型分类代号	女子胸腰围之差	体型分类代号	女子胸腰围之差
Y	19～24	B	9～13
A	14～18	C	4～8

（二）成年女子服装号型系列

GB/T 1335·2—2008 成年女子服装号型系列是指国家对各类女装进行规格设计所作的统一技术规定，是以人体的身高为号，以胸围、腰围为型，以中间体型（成年女子身高160cm、胸围84cm、腰围68cm）为中心，向两边依次递增或递减组成系列的，可作为针织女装号型规格设计参考依据。

标准中规定女子上装有 5·4 和 5·3 两种系列，下装有 5·4、5·3 和 5·2 三种系列，其中前一个数字表示"号"的分档数，即每一个号的人体身高相差5cm。成年女子服装号型系列从中间号 160cm 开始向左至 145cm，向右至 175cm，分为 7 个号。后一位数字表示"型"的分档数，即每个型的人体胸围相差4cm、3cm 或腰围相差4cm、3cm、2cm，见表3-2。

表3-2　女子服装各体型中间体主要控制部位尺寸及分档数值　　　（单位：cm）

部位 ＼ 体型	Y	A	B	C	分档数值
	中间体	中间体	中间体	中间体	
身高	160	160	160	160	5
颈椎点高	136	136	136.5	136.5	4
坐姿颈椎点高	62.5	62.5	63	62.5	2
全臂长	50.5	50.5	50.5	50.5	1.5
腰围高	98	98	98	98	3
胸围	84	84	88	88	4
颈围	33.4	33.6	34.6	34.8	0.8
腰围	64	68	78	82	2
臀围	90	90	96	96	1.8
总肩宽	40	39.4	39.8	39.2	1

项目三　针织女装号型规格设计

　　针织女装规格分针织女内衣规格和针织女外衣规格，针织女装规格设计主要考虑面料弹性，尺寸控制范围比机织面料少。

一、针织女内衣规格尺寸系列

　　我国GB/T 6411—2008针织内衣规格尺寸系列标准中规定的成年女子针织内衣的规格尺寸系列为成品规格尺寸，可作为针织女内衣制板参考尺寸，其号型系列设置以中间标准体：身高160cm，胸围90cm，身高和胸围按5cm分档，向两边依次递增或递减组成，分裤类成品规格和上衣类成品规格，见表3-3、表3-4。

表3-3　成年女子针织裤类成品主要部位规格　　　（单位：cm）

号 ＼ 型	部位	75	80	85	90	95	100	105
150	裤长	88	88					
	直档	30	30					
155	裤长	91	91	91				
	直档	31	31	31				

续表

号 \ 型 部位				75	80	85	90	95	100	105
160	裤长				94	94	94			
	直裆				32	32	32			
165	裤长					97	97	97		
	直裆					33	33	33		
170	裤长						100	100	100	
	直裆						34	34	34	
175	裤长							103	103	103
	直裆							35	35	35
横裆				24.5	26	27.5	29	30.5	32	33.5

备注：1. 号、型分档为5cm；直裆分档为1cm；横裆分档为1.5cm；裤长分档为3cm
2. 绒类裤长可增加2cm；直裆、横裆分别增加1cm

表3-4　成年女子针织上衣类成品主要部位规格　（单位：cm）

号 \ 型 部位				75	80	85	90	95	100	105
150	衣长			56	56					
	胸围			80	85					
	袖长	长袖	插肩	69	70					
			平肩	49	49					
		短袖		13	13					
155	衣长				58	58	58			
	胸围				85	90	95			
	袖长	长袖	插肩		71.5	72.5	73.5			
			平肩		50.5	50.5	50.5			
		短袖			13	13	13			
160	衣长				60	60	60			
	胸围				85	90	95			
	袖长	长袖	插肩		73	74	75			
			平肩		52	52	52			
		短袖			14	14	14			
165	衣长					62	62	62		
	胸围					90	95	100		

号	部位		型	75	80	85	90	95	100	105
165	袖长	长袖	插肩			75.5	76.5	77.5		
			平肩			53.5	53.5	53.5		
		短袖				14	14	14		
170		衣长					64	64	64	
		胸围					95	100	105	
	袖长	长袖	插肩				78	79	80	
			平肩				55	55	55	
		短袖					15	15	15	
175		衣长						66	66	66
		胸围						100	105	110
	袖长	长袖	插肩					80.5	81.5	82.5
			平肩					56.5	56.5	56.5
		短袖						15	15	15

备注：1. 号、型分档为5cm；衣长分档为2cm
　　　2. 长袖袖长：平肩袖长分档为1.5cm；插肩袖长分档为1.5cm；短袖袖长分档为1cm
　　　3. 束摆衣长短于平摆衣长2cm；汗布衫类衣长减短1cm

二、针织女外衣号型规格设计

针织女外衣趋向合体，规格制订上偏向机织服装，主要参照国家服装号型标准，尺寸制订应注意考虑面料弹性大小和方向，一般面料如果只有纬向弹性大，胸围、腰围等围度尺寸不加放松量甚至要减量，长度按机织面料长度设置，如果面料经向也有弹性，则长度也要适度减量。表3-5所示T恤衫面料经纬向均有较大弹性，成品胸围、肩宽尺寸都比净尺寸要小，长度要短。

表3-5　经典V领卷边短袖T恤号型规格表　　　　　　　　　　（单位：cm）

部位	号型	S	M	L	XL
后中长		52.5	54	55.5	57
肩宽		35	36	37	38
胸围		82	86	90	94
腰围		73	77	81	85
摆围		84	88	92	96

部位　＼　号型	S	M	L	XL
袖长	11.5	12	12.5	13
袖肥	27.5	29	30.5	32
袖口	26	27.5	29	30.5
领宽	21.5	22	22	22.5
前领深	15.3	15.5	15.5	15.7

项目四　针织女装结构设计原理与方法

服装结构设计基础制图方法有很多，常用的方法有立体裁剪法、短寸法、定寸法、比例法、原型法等。在实际应用中，针织女装的结构制图方法是基于针织女装的种类、面料性能特点进行选择的。常规针织女内衣板型较成熟和稳定，多采用定寸法同时结合比例法。针织女外衣常采用原型法和立体裁剪法相结合。本书采用的是日本文化式原型，在此基础上结合针织面料特性，通过省道合理设置、转移变化构成针织服装的基本型，进行针织半身裙、针织女裤、针织女上衣、针织连衣裙的结构设计。

一、针织半身裙基本型

（一）制图规格

针织半身裙基本型是裙子结构变化的基础，规格根据我国服装标准《GB/T 1335·2—2008 服装号型　女子》中相关的数据制定，见表 3-2，这里选择的号型是 160/68A，净腰围 68cm，净臀围 90cm，针织半身裙基本型腰围加放 1 ~ 2cm，臀围加放 2 ~ 4cm，这里采用成品腰围 70cm，成品臀围 92cm，裙长 60cm，腰至臀长 18cm。

（二）结构制图

针织半身裙基本型款式图如图 3-7（a）所示，绘制过程如图 3-7（b）（c）所示，前片比后片宽 1cm，侧缝线后移，使前裙身较完整美观。前后片分别设置两个腰省，腰省量根据臀腰差确定，一般前省量比后省量小，前省长短于后省长，以适合人体体型。

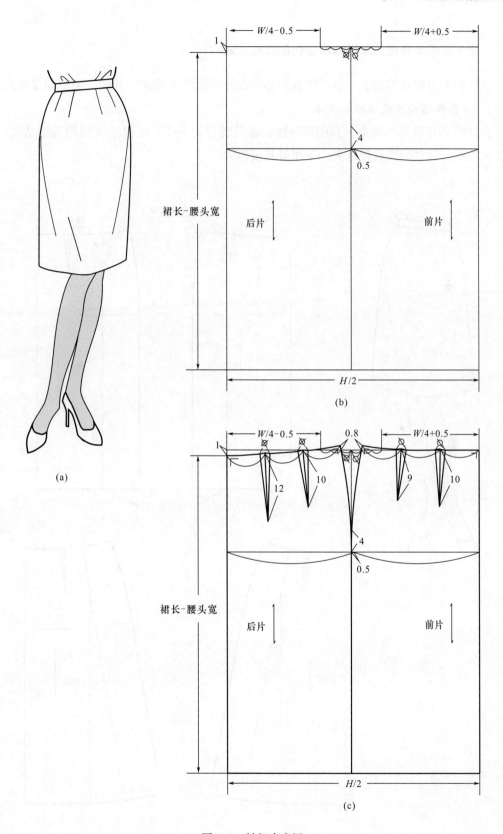

$W/4-0.5$　　$W/4+0.5$

1

4

0.5

$H/2$

后片　　前片

裙长-腰头宽

(b)

$W/4-0.5$　　0.8　　$W/4+0.5$

1

12　　10　　9　　10

4

0.5

后片　　前片

裙长-腰头宽

$H/2$

(c)

(a)

图 3-7　针织半身裙

（三）针织半身裙基本型结构变化原理和方法

在针织半身裙基本型上，利用腰省转移可设计变化出 A 型裙、片裙、喇叭裙等款式。

1. A 型裙结构变化原理和方法

在针织半身裙基本型上，利用部分腰省合并转移到下摆，可得到 A 型裙造型结构，如图 3-8 所示，合并的腰省量越大，下摆展开量越大。

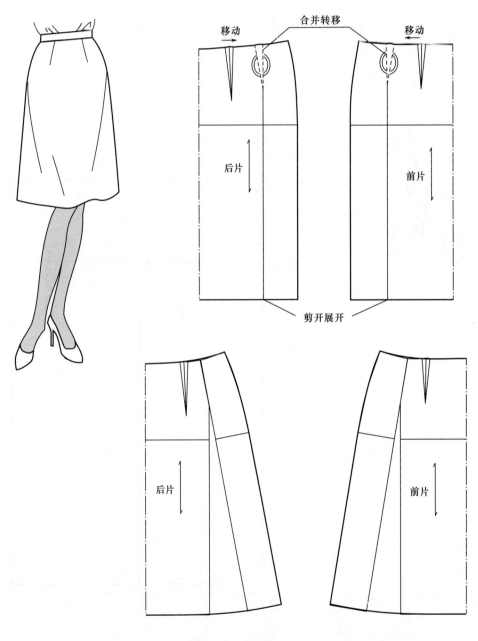

图 3-8　A 型裙

2. 波浪裙结构变化原理和方法

在针织半身裙基本型上，将全部腰省合并转移到下摆，可得到波浪裙造型结构，如图 3-9 所示，合并的腰省位置越高，下摆展开量越大。

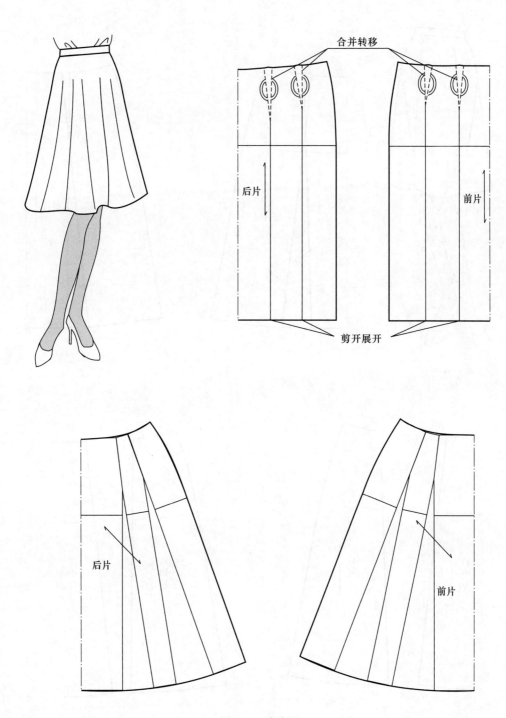

图 3-9　波浪裙

3. 片裙结构变化原理和方法

在 A 型裙基础上，将腰省连省成缝，可得到片裙造型结构，如图 3-10 所示，腰省连接位置越高，下摆展开量越大。

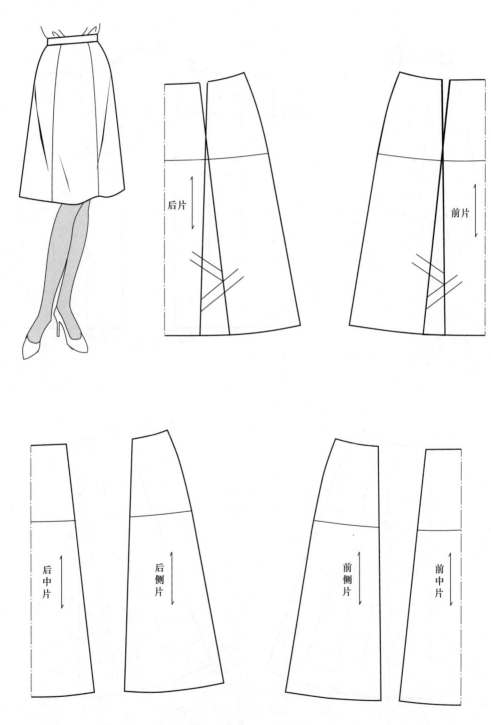

图 3-10　片裙

二、针织女裤基本型

（一）制图规格

针织女裤基本型是裤子结构变化的基础，规格根据我国服装标准《GB/T 1335·2—2008 服装号型 女子》中相关的数据制定，见表 3-2，这里选择的号型是 160/68A，净腰围 68cm，净臀围 90cm，针织女裤基本型腰围加放 1 ~ 2cm，臀围加放 4 ~ 6cm，这里采用成品腰围 70cm，成品臀围 96cm，裤长 100cm，裤口 40cm。

（二）结构制图

针织女裤基本型款式图和结构制图如图 3-11 所示。

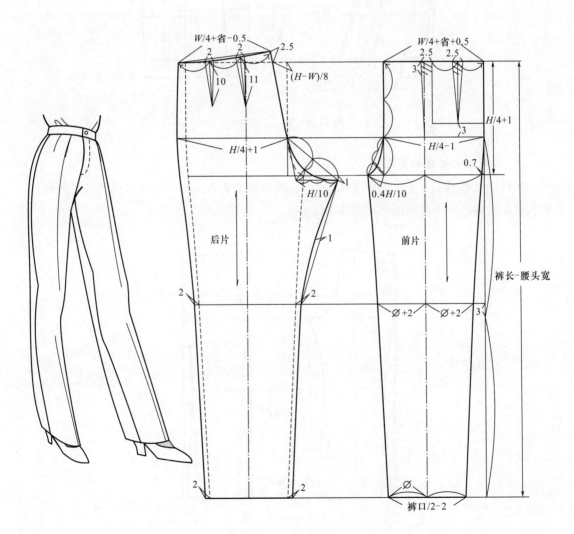

图 3-11 针织女裤

（三）针织女裤基本型结构变化原理和方法

1. 裤子长度的结构变化

在针织女裤基本型上，裤子长度变化可得到不同长短的裤子造型结构，如图 3-12 所示。

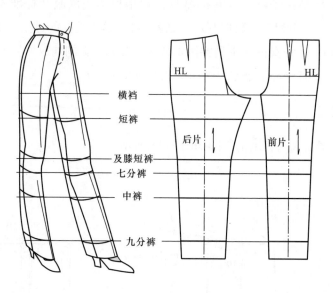

图 3-12　裤子长度变化

2. 裤腿形状的结构变化

在针织女裤基本型上，如图 3-13 所示，调整裤子基本型裤口形状可得到各种瘦腿裤、喇叭裤和阔腿裤的造型结构，如图 3-14 所示。

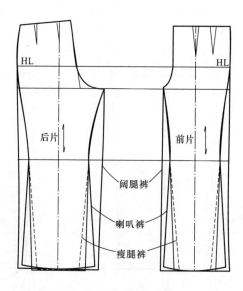

图 3-13　裤口形状变化

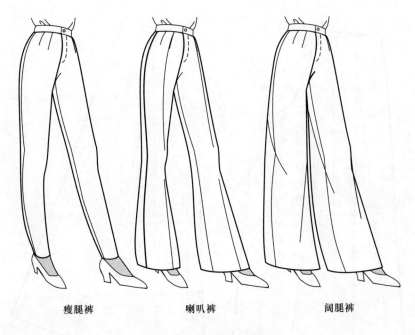

瘦腿裤　　　　　　喇叭裤　　　　　　阔腿裤

图 3-14　不同裤口的长裤

3. 腰省转移变化

在针织女裤基本型上，通过腰省转移变化可得到裙裤、灯笼裤等造型结构。

（1）裙裤的结构变化如图 3-15 所示。

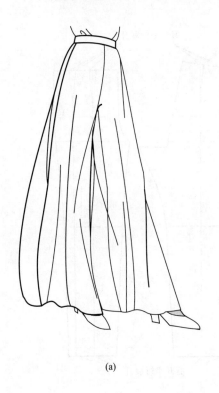

(a)

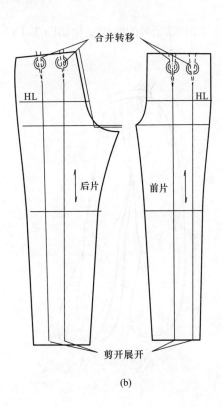

(b)

图 3-15

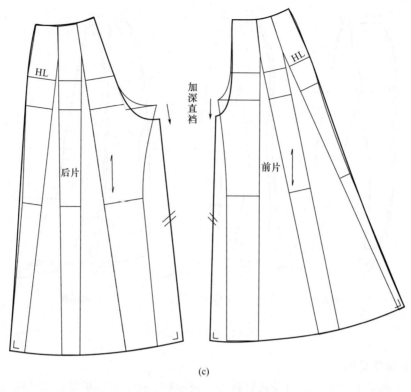

(c)

图 3-15　裙裤的结构变化

（2）灯笼裤的结构变化如图 3-16 所示。

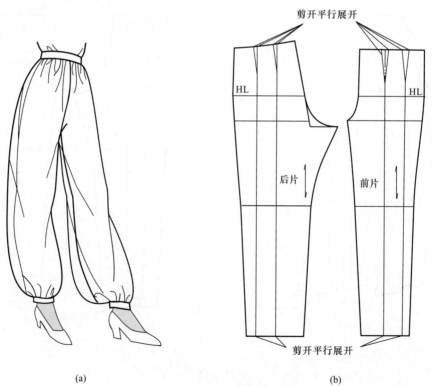

(a)　　　　　　　　　　　　　　　　(b)

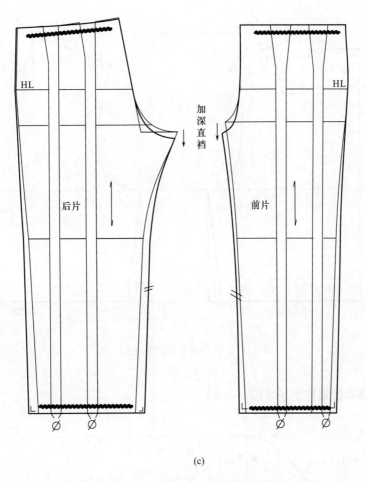

(c)

图 3-16 灯笼裤的结构变化

三、针织女上装基本型

（一）制图规格

针织女上装基本型包括衣身基本型和袖子基本型，规格根据我国服装标准《GB/T 1335·2—2008 服装号型 女子》中相关的数据制定，见表 3-2，这里选择的号型是 160/84A，净胸围（B）84cm，背长 37cm，肩宽 38cm，袖长 52cm，衣身基本型胸围加放 8cm，这里采用成品胸围 92cm。

（二）衣身基本型结构制图

先画后片再画前片，前后肩斜度既可采用角度法，也可采用十五分制，前肩斜线 15：6，后肩斜线 15：5，衣身基本型结构制图如图 3-17 所示。

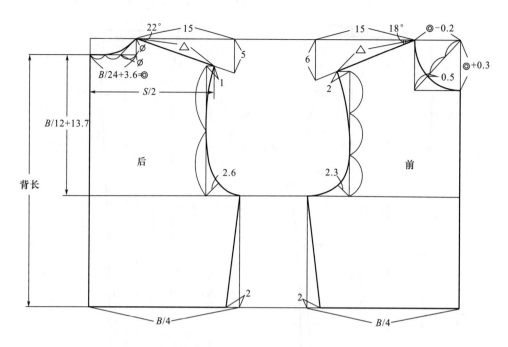

图 3-17　衣身基本型结构制图

（三）袖子基本型结构制图（图 3-18）

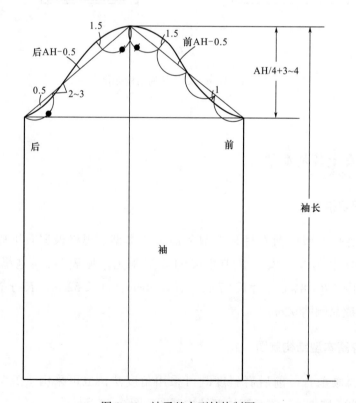

图 3-18　袖子基本型结构制图

（四）针织女上装基本型特点

针织女上装基本型是在日本文化式原型基础上，保留前后肩斜、前后袖片的造型，针对针织面料的弹性进行了以下工作。

1. 围度放松量减小

日本文化式原型胸围放松量为 10～12cm，针织女上装基本型胸围放松量为 8cm，适合针织面料特性。

2. 省道减少

日本文化式原型设有胸省和肩省，前后片肩颈点至腰围线的垂直长度为前高后低，而针织女上装基本型一般前后片平齐，不设省道，如图 3-17 所示。女性人体胸部结构主要通过针织面料的弹性来满足，如果当款式需要并且面料弹性较小时，可将腰部收窄，前片肩颈点抬高 1～1.5cm，设置 2～3cm 胸省，如图 3-19 所示，胸省量一般不宜太大。

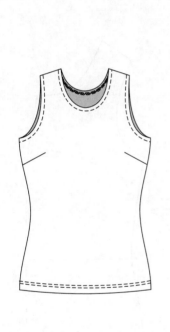

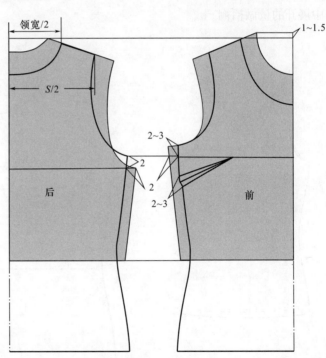

图 3-19 针织女上装

3. 弧度减小

针织女上装基本型的前后袖窿、前后袖山弧度均较小，袖山不设吃势。

（五）针织女上装基本型结构变化原理和方法

1. 针织女上装根据款式和针织面料的弹性程度设置围度放松量

（1）紧身型：胸围不加放松量，甚至胸围尺寸小于净胸围，可根据面料弹性进行调整。

（2）贴体型：胸围加放松量 2 ~ 4cm。

（3）适体型：胸围加放松量 6 ~ 8cm。

（4）略宽松型：胸围加放松量 10 ~ 12cm。

（5）宽松型：胸围加放松量 12cm 以上。

2. 针织女上装基本型的应用原则

（1）胸围与袖窿深：胸围的增减与袖窿深增减成正比关系，前后胸围每增加或减少 2cm，袖窿深相应增加或减少 2cm，如图 3-19 所示。

（2）领宽和肩宽变化：领宽和肩宽的增减一般是在原有肩斜线上截取，如图 3-19 所示，以保持肩斜度不变，符合人体结构。

（3）具有造型作用的省、分割线和褶裥的处理：一般针织女上装不设置胸省、腰省和肩省，但如果出现具有造型作用的省、分割线和褶裥时应增加省道，并根据需要进行省的转移变化。如图 3-20 所示，前中褶裥，制板时要先设置胸省，再将胸省合并转移到前中，前中展开的量做褶裥。

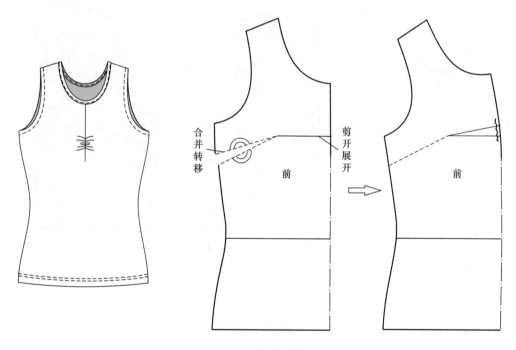

图 3-20　针织女上装省道处理

实践模块：

针织女装制板

模块四　针织半身裙制板

学习目标

1. 认识针织半身裙常见品种和结构特点。
2. 掌握常规款式针织半身裙的制板方法和流程。
3. 掌握针织半身裙样板号型规格设置与放码规律。

学习重点

1. 针织半身裙基本型基础上变化各种造型裙的板样处理方法。
2. 针织半身裙基本型省道转移方法及与各种裙廓型变化的关系。
3. 针织半身裙样板放码规律。

项目一　合体无腰头直身裙

流程一　服装分析

试一试：请认真观察表4-1所示的效果图，从以下几个方面对合体无腰头直身裙进行分析。

一、款式图分析

（一）款式分析

1. **整体款式特点**
2. **腰头特点**
3. **开口特点**

想一想：前后片弧形分割线的设计对于裙子造型起到什么作用？

前后片弧形分割线纵向经过腰腹部，既有收腰合体作用，又有装饰作用。

想一想：腰口为什么呈弧形？

合体无腰头直身裙的弧形腰口成形后呈圆台体，能更好地贴合人体的腰腹部。

表4-1　合体无腰头直身裙产品设计订单（一）

编号	ZZ-401	品名	合体无腰头直身裙	季节	春夏季

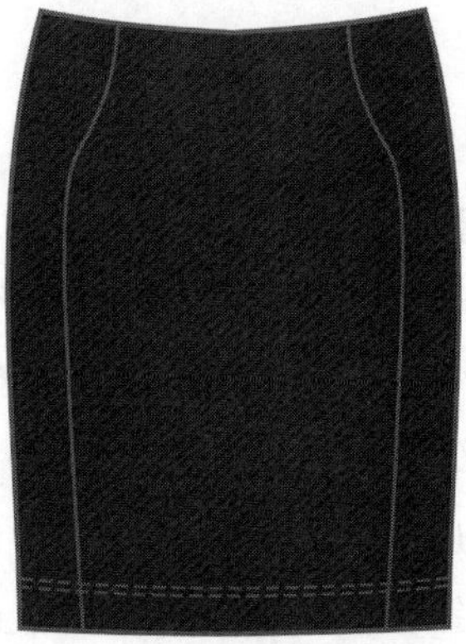

正视图

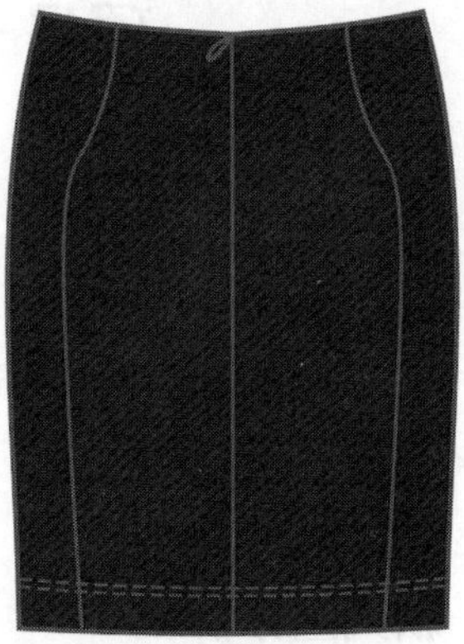

背视图

效果图

面料

表4-2 合体无腰头直身裙产品设计订单（二）

编号	ZZ-401	品名	合体无腰头直身裙		季节	春夏季
尺寸规格表（单位：cm）						
号型 / 部位		S	M		L	XL
后中长		45	46		47	48
腰围		66	70		74	78
臀围		85	89		93	97
摆围		79	83		87	91
款式说明						
1. 整体款式特点：整体裙款式呈H型，裙长位于大腿中部，腰腹合体，下摆略收，前后弧形分割从腰口至底边 2. 腰头特点：无腰头，腰口内装贴边 3. 开口特点：后中线开口装隐形拉链						
材料说明						
1. 面料说明：裙身主要采用暗斜纹针织面料，纬向弹性较大，经向无弹性 2. 辅料说明：腰口贴边使用黏合衬，腰口贴边采用直纱牵条，装隐形拉链缝边加直纱黏合衬						
工艺说明						
1. 侧缝采用五线包缝，底边折边双针链缝 2. 腰口内装贴边，腰口加缝牵条时要注意内外腰口的里外匀，不吐里						

（二）材料分析

1. 面料分析

2. 辅料分析

想一想：合体无腰头直身裙的腰口有什么特点，腰口为什么要采用直纱牵条？

腰口呈弧线，在腰口处的纱线多为斜纱，因为斜纱容易拉伸变形，所以腰口贴边采用直纱牵条，可防止腰口被拉伸变形。

拓展知识：直纱牵条是以织物的经纱方向裁剪得到的牵条，在针织服装中应用广泛，分带胶粒和不带胶粒，可通过熨烫、缝制与衣片固定，具有定型加固的作用。

（三）工艺分析

1. 整体工艺处理方式

2. 腰口工艺处理方式

二、尺寸规格设计

想一想：针织半身裙一般要设置哪些部位尺寸？

后中长、腰围、臀围、摆围等。

试一试：请自己先对该款式设计尺寸规格表，然后对照表4-2的尺寸规格，分析主要部位尺寸设置的特点。

该款式裙较紧身，且面料纬向弹性较大，所以臀围和摆围不加放松量或适当减量，无腰头且略低腰，腰围成品尺寸与正常腰围一样或略大。中间板采用M号，即160/68A的尺寸规格。

流程二　服装制板

一、结构制图

试一试：请采用M号，即160/68A针织半身裙基本型进行结构制图。

注意先绘制后片，再绘制前片。

（一）前后片结构制图（图4-1）

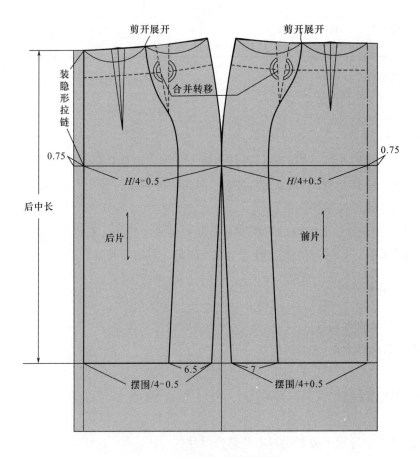

图4-1　半身裙前后片结构制图

制图关键：

（1）在针织半身裙基本型上进行合体无腰头直身裙廓型处理：该款式是根据臀围尺寸的要求在针织半身裙基本型上将前后中线整体收进 0.75cm，基本型腰省去掉一个，只保留一个转省用。

（2）前后弧形分割线绘制：前后分割线尽量经过腰省尖点，以进行腰省合并转移。

（3）腰口贴边绘制：腰口贴边在裙身上绘制，如图 4-1 所示，然后将该部位图复制，并进行腰省拼接，如图 4-3 所示。

（二）裙身分割线的处理（图 4-2）

试一试： 请采用连省成缝的方法进行裙身分割线的处理。

拓展知识： 合体无腰头直身裙的腰腹部有分割线，一般要考虑腰省的处理，如果是纵向分割线，处理方法采用转省成缝，即先将腰省转移至分割线处，再将转移后的省与分割线连接画顺；如果是横向分割线则采用腰省合并转移方法。

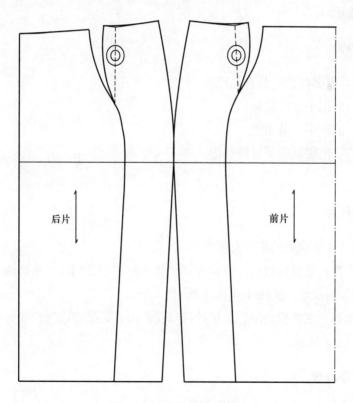

后片　　前片

图 4-2　裙身分割线的处理

（三）前后腰头贴边处理（图 4-3）

试一试： 请将前后腰头贴边分别复制后拼接、画顺。

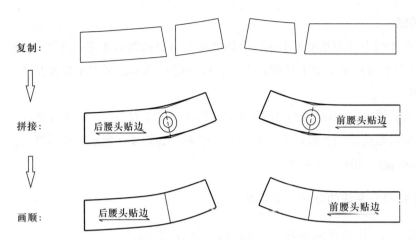

图 4-3　前后腰头贴边处理

二、样板制作

（一）复制样片

想一想：样片有哪些，一共有几片？

（1）后身：后裙中、后裙侧。

（2）前身：前裙中、前裙侧。

（3）零部件：前腰贴边、后腰贴边。

共有 6 片。

（二）检查样片

想一想：样片需要检查的部位有哪些？

（1）长度检查：主要检查前、后裙片侧缝线；前裙中分割线与前裙侧分割线；后裙中分割线与后裙侧分割线等，如图 4-4（a）所示。

（2）拼合检查：主要检查前、后裙片腰口线；前、后腰贴边腰口线；前后腰贴边外口线等，如图 4-4（b）所示。

（三）制作净样板

面料净样板制作，如图 4-5 所示，将检验后的样片进行复制，作为合体无腰头直身裙的净样板。

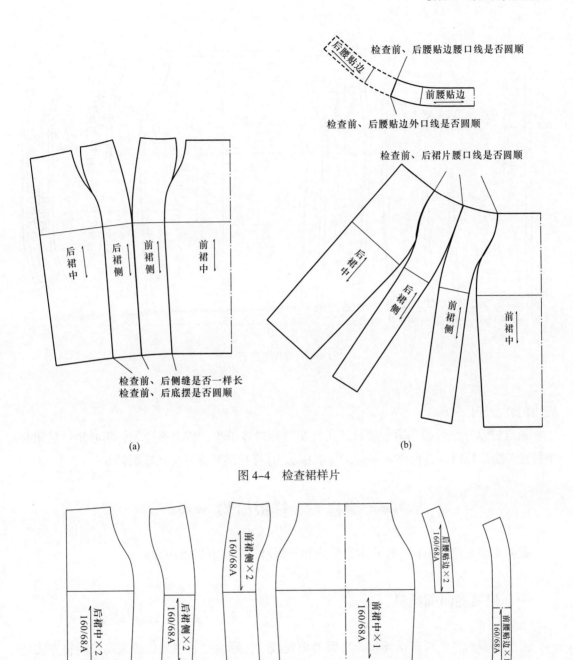

检查前、后腰贴边腰口线是否圆顺

后腰贴边

前腰贴边

检查前、后腰贴边外口线是否圆顺

检查前、后裙片腰口线是否圆顺

后裙中

后裙侧

前裙侧

前裙中

检查前、后侧缝是否一样长
检查前、后底摆是否圆顺

（a）

（b）

图 4-4　检查裙样片

后裙中 160/68A×2

后裙侧 160/68A×2

前裙侧 160/68A×2

前裙中 160/68A×1

后腰贴边×2 160/68A

前腰贴边×1 160/68A

图 4-5　制作净样板

（四）制作毛样板

面料毛样板制作，如图 4-6 所示，在合体无腰头直身裙的净样板上，按图 4-6 所示各

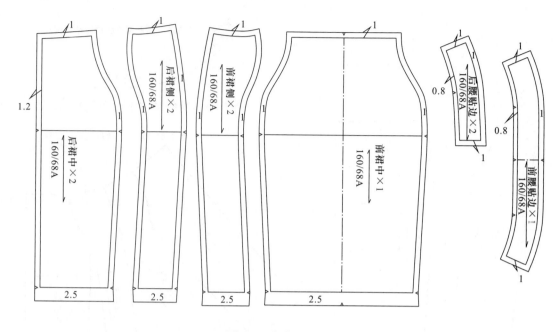

图 4-6　制作毛样板

缝边的缝份进行加放。

重点提示：前后腰贴边的腰口缝份比裙身腰口缝份小，使之里外匀，不吐里；后裙身中缝处装隐形拉链，缝份要大一点，为 1.2cm，这样拉链装完后会比较服帖。

流程三　样板检验

合体无腰头直身裙款式样衣常见弊病和样板修正方法有以下内容。

一、裙侧缝向前倾斜

裙子穿着后裙侧缝向前倾斜，后臀处出现皱纹，原因是后中腰口线太高，调整方法是将后中腰口线降低。

二、前后分割线腰腹处出现皱纹

前后分割线腰腹处出现皱纹，原因是前后分割线在腰腹处的弧线起伏太大，斜纱弹性拉伸大而易变形，调整方法是将前后分割线起伏度调小，如图 4-7（a）所示，并在腰腹起伏大的部分使用直纱牵条。

三、腰口不帖服

臀腹合适腰口松大出现不帖服的现象，原因是前后腰省量不足，合并以后腰围变大，调整方法是将前后裙侧腰口内收，如图4-7（b）所示。

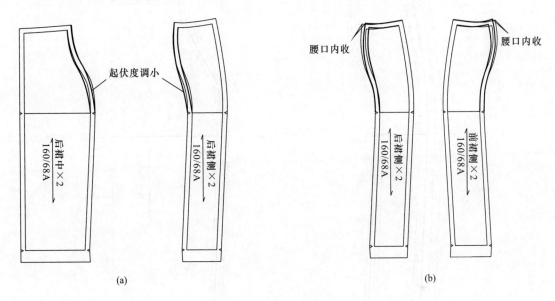

图 4-7　样衣常见问题

四、腰口起涌

在前后片中线处有余量，产生横向褶皱，原因是前后腰省合并转移以后，腰口弧线修顺时，凹势和侧缝翘势被修小了，调整方法是将凹势修明显，保持侧缝翘势。

样板修正以后要对样板再进行复核，包括长度检查、拼合检查，加放即将投产原材料的回缩量。

◢◢◢ 流程四　样板缩放 ◣◣◣

一、前片基础样板缩放

前片基础样板各放码点的计算公式和数值，如图4-8所示（括号内为放码点数值）。

重点提示： 前片以前中线和臀围线的交点、后片以后中线和臀围线的交点为坐标原点，前裙侧与前裙中、后裙侧与后裙中的拼合线都按1/8的围度比例缩放，前、后侧缝按1/4的

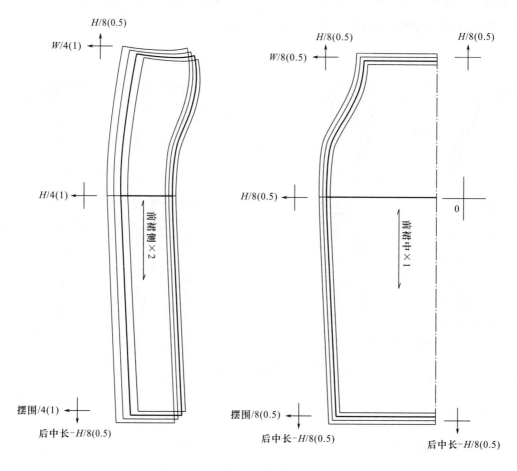

图 4-8　前片放码点

围度比例缩放。还有一种方法是前、后裙侧缝缩放量与前、后中片一样，都按 1/8 的围度比例缩放。

二、后片和腰贴边基础样板缩放

后片和腰贴边基础样板各放码点计算公式和数值，如图 4-9 所示（括号内为放码点数值）。

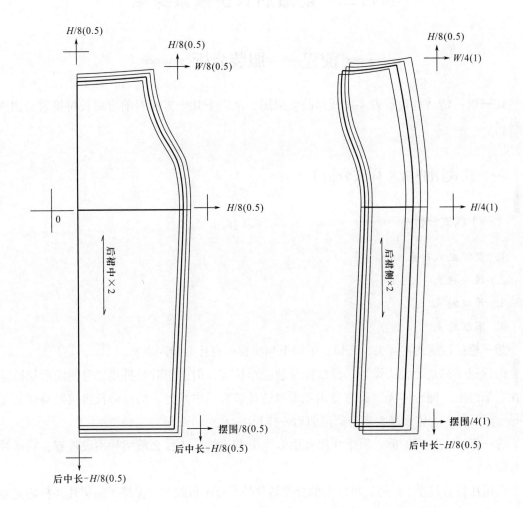

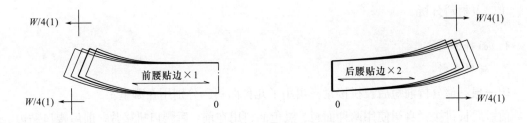

图4-9 后片和腰贴边放码点

项目二　前短后长拼接紧身裙

流程一　服装分析

试一试：请认真观察表4-3所示的效果图，从以下几个方面对前短后长拼接紧身裙进行分析。

一、款式图分析（样衣分析）

（一）款式分析

1. 整体款式特点
2. 腰头特点
3. 开口特点
4. 下摆特点

想一想：该款式在腰头、开口、下摆上与项目一有什么异同点？

两款裙子都是无腰头设计，开口都是装隐形拉链，但前短后长拼接紧身裙隐形拉链是装在右侧缝上，而合体无腰头直身裙隐形拉链是装在后中线处，前短后长拼接紧身裙的下摆是前短后长，合体无腰头直身裙是前后一样长。

想一想：该款式的前、后裙片都有倒U形分割设计，为什么前裙片不设腰省，后裙片却有腰省？

前裙片腰省较小、较短，可以全部合并转移掉，可不设腰省，保持了前裙片面料的完整性，而后裙片腰省较大、较长，只能部分转移，所以要设腰省。

（二）材料分析

1. 面料分析
2. 辅料分析

想一想：请分析前短后长拼接紧身裙用了几种面料，分别用在哪里？

前短后长拼接紧身裙使用两种面料，黑色面料用在前、后腰口拼接片、前后腰口贴边、前后下摆贴边；花色面料用于前、后裙身。

想一想：该款式有哪些辅料跟项目一相同？

隐形拉链、前后腰口贴边使用直纱牵条。

表4-3　前短后长拼接紧身裙产品设计订单（一）

编号	ZZ-402	品名	前短后长拼接紧身裙	季节	春夏季

正视图

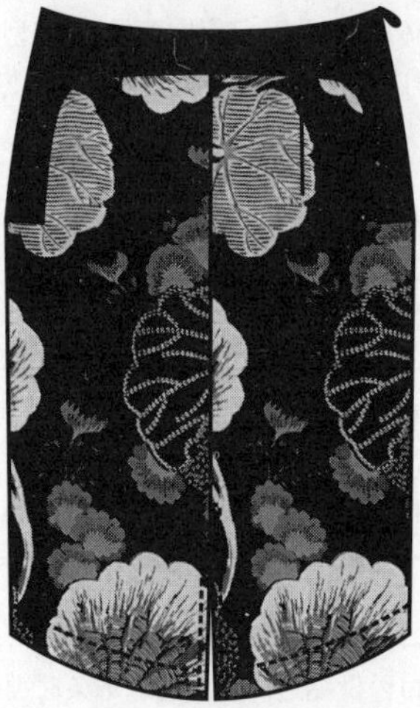

背视图

效果图

面料A 　　　　面料B

表4-4　前短后长拼接紧身裙产品设计订单（二）

编号	ZZ-402	品名		前短后长拼接紧身裙		季节	春夏季
尺寸规格表（单位：cm）							
部位 ＼ 号型		S		M		L	XL
后中长		56.5		58		59.5	61
前中长		45.5		47		48.5	50
腰围		66		70		74	78
臀围		86		90		94	98
摆围		80		84		88	92
隐形拉链长		16		16		17	17
开衩长		20		20		20	20

款式说明

1. 整体款式特点：整体裙款式呈H型，前裙长在膝盖上，后裙长在膝盖下，腰腹合体，下摆收紧，倒U形分割线从前后腰口至臀围线处，后裙片从中线断开至下摆做一直开衩，后裙片收两个腰省

2. 腰头特点：无腰头，腰口内装贴边

3. 开口特点：右侧缝开口装隐形拉链

4. 下摆特点：下摆呈前短后长弧形

材料说明

1. 面料分析：采用两种面料纬向略有弹性，经向无弹性。前后裙片采用花色面料，前后腰口拼接、前后腰口贴边、前后下摆贴边采用黑色面料

2. 辅料分析：腰口贴边采用直纱牵条，隐形拉链缝边、后开衩缝边使用直纱黏合衬，腰口贴边使用黏合衬

工艺说明

1. 腰口内做贴边，腰口加缝牵条时要注意内外腰口的里外匀，不吐里

2. 右侧缝开口装隐形拉链

3. 下摆贴边用黑色面料，贴边宽2.5cm，在裙片正面距底摆边缘2.4cm处缉明线固定贴边

4. 开衩缝边使用直纱黏合衬，卷边缝正面缉压0.5cm宽明线

（三）工艺分析

1. 腰口工艺处理方式

2. 开口工艺处理方式

3. 下摆工艺处理方式

4. 后开衩工艺处理方式

想一想：下摆为什么不能直接做折边，而要另外做贴边？

这是因为该款式裙的下摆前短后长呈弧形，无法直接折边，需另外裁制跟下摆弧度一样的贴边进行缝制。

扩展知识：单层裙、上衣呈弧形的下摆工艺处理方式通常有两种：卷边缝和做贴边，前者适合较薄的面料，后者适合较厚面料，本款式因后开衩做卷边缝处理，若下摆也采用此法则毛缝太厚，故下摆采用贴边做法。

二、尺寸规格设计

试一试：先对该款式设计尺寸规格表，然后对照表4-4的尺寸规格表，分析主要部位尺寸设置的特点。

根据款式特点，前短后长拼接紧身裙与合体无腰头直身裙相对照，要增设前中长、后开衩长、隐形拉链长的尺寸。中间板采用M号，即160/68A的尺寸规格。

扩展知识：隐形拉链长度一般制图时参照臀围线设置，也可先设置好。

比一比：该款式与项目一的尺寸规格进行比较，在腰围、臀围、摆围尺寸设置上有什么异同点？

该款式与合体无腰头直身裙在腰围、臀围、摆围规格尺寸设置上一样，要考虑面料纬向有弹性，不加放松量或适当减量，但该款式裙面料弹性没有合体无腰头直身裙面料弹性大，且长度较长，所以臀围、摆围尺寸设置较合体无腰头直身裙略大。

═══ 流程二　服装制板 ═══

一、结构制图

试一试：请采用M号，即160/68A针织半身裙基本型进行结构制图。

注意先绘制后片，再绘制前片，在针织半身裙基本型上进行前短后长拼接紧身裙的廓型处理方法与本模块项目一相同。

（一）前后片结构制图（图4-10）

制图关键：

（1）前、后弧形分割线绘制：前、后弧形分割线无法经过省尖点，分割线上部分的省道进行合并转移，若前片分割线下部分的省量较小可进行缩缝，若后片分割线下部分的省量较大，可合并成一个省道。

（2）前、后底边绘制：前、后底边绘制好后，侧缝线要注意长短一样，前、后底边弧

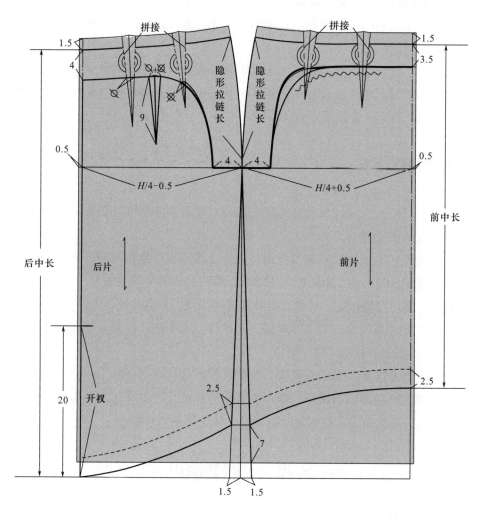

图 4-10　前后片结构制图

度拼合后要圆顺。

（3）下摆贴边绘制：下摆贴边在裙身上绘制。

（二）前、后拼接片和腰贴边的处理（图 4-11）

试一试：请复制前、后裙片的拼接部分，将前、后片拼接部分进行省道拼接处理后画顺，然后在此基础上绘制前、后腰贴边。

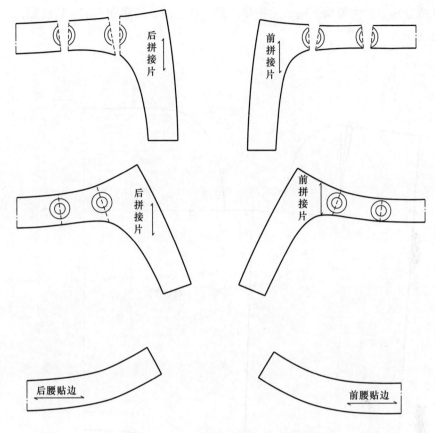

图 4-11 前、后拼接片和腰贴边的处理

二、样板制作

（一）复制样片

想一想：样片有哪些，一共有几片？

（1）后身：后裙片、后拼接片。

（2）前身：前裙片、前拼接片。

（3）零部件：前腰贴边、后腰贴边、前摆贴边、后摆贴边。

共有 8 片。

（二）检查样片

想一想：样片需要检查的部位有哪些？

（1）长度检查：主要检查前、后裙片侧缝；前、后拼接片侧缝；前、后腰贴边侧缝；前拼接部分与前裙片拼合缝、后拼接部分与后裙片拼合缝等，如图 4-12 所示。

（2）拼合检查：主要检查前、后拼接片腰口线；前、后底摆；前、后腰贴边外口线等，如图 4-12 所示。

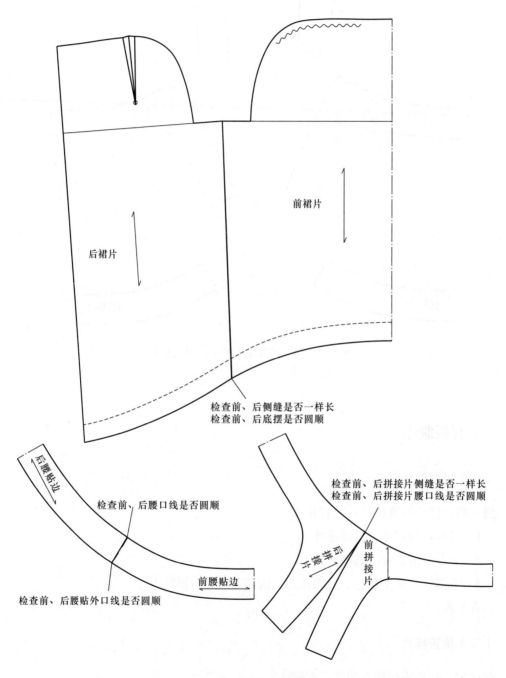

前裙片

后裙片

检查前、后侧缝是否一样长
检查前、后底摆是否圆顺

检查前、后拼接片侧缝是否一样长
检查前、后拼接片腰口线是否圆顺

后腰贴边

检查前、后腰口线是否圆顺

前腰贴边

检查前、后腰贴外口线是否圆顺

后拼接片

前拼接片

图 4-12　检查样片

（三）制作净样板

面料净样板制作如图 4-13 所示，将检验后的样片进行复制，作为前短后长拼接紧身裙的净样板。

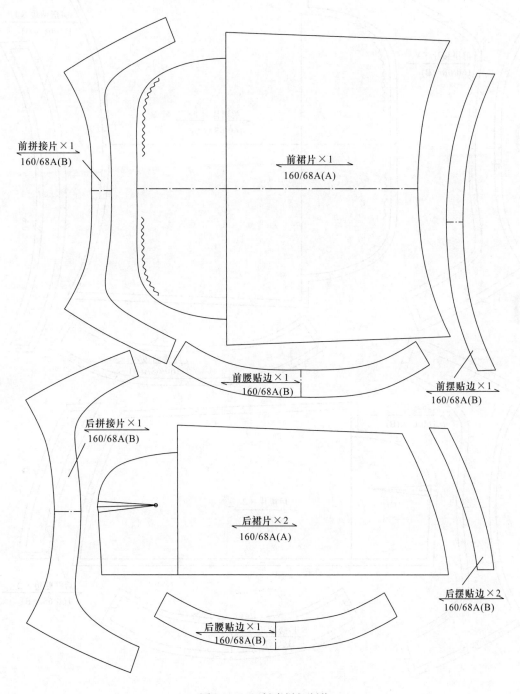

前拼接片×1
160/68A(B)

前裙片×1
160/68A(A)

前腰贴边×1
160/68A(B)

前摆贴边×1
160/68A(B)

后拼接片×1
160/68A(B)

后裙片×2
160/68A(A)

后摆贴边×2
160/68A(B)

后腰贴边×1
160/68A(B)

图 4-13　面料净样板制作

（四）制作毛样板

在前短后长拼接紧身裙的净样板上，按图4-14所示各缝边的缝份进行加放。

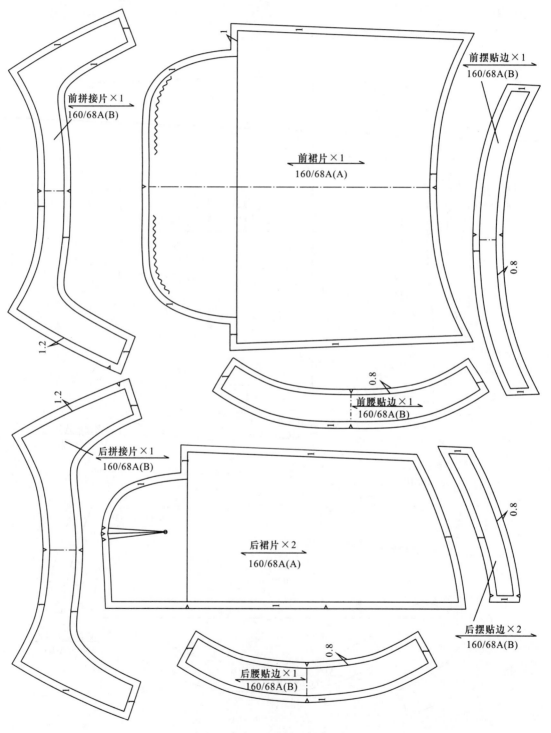

图4-14　毛样板制作

重点提示：前、后腰贴边的腰口缝份比前、后拼接片腰口缝份小，前、后下摆贴边的缝份比裙身下摆缝份小，使之里外匀，不吐里；前、后拼接片的右侧缝装隐形拉链，缝份大一点，拉链装完会比较服帖。

流程三　样板检验

前短后长拼接紧身裙款式样衣腰腹部位常见弊病和样板修正方法与本模块项目一相似，其他部位常见弊病和样板修正方法有以下几点。

一、后开衩交拢

后开衩不能并拢，两边交拢在一起，原因是后腰省量处理不够，后侧缝劈势太小，调整方法是增加后腰省合并量和后侧缝劈势，如图4–15（a）所示。

二、后开衩豁开

后开衩豁开，无法并拢，原因是后腰省量处理过大，后侧缝劈势太大，调整方法是减小后腰省合并量和后侧缝劈势，如图4–15（b）所示。

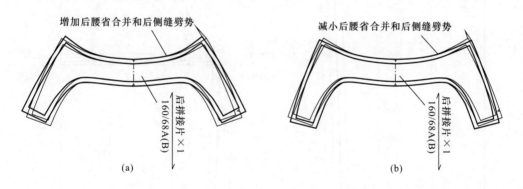

图4–15　样板检验

三、前后侧缝处的底边拼合歪斜

前后侧缝处的底边拼合出现歪斜，原因是侧缝收小，下摆前短后长，侧缝和该处的下摆为斜纱，容易拉伸造成拼合歪斜，在制作前要根据面料特点进行修正，还有制作时这些部位加牵条固定。

样板修正以后要对样板再进行复核，包括长度检查、拼合检查，加放即将投产原材料的回缩量，注意根据两种面料的回缩率调整对应的样板。

流程四　样板缩放

一、前后片基础样板缩放

前后片基础样板放码点计算公式和数值，如图 4-16 所示（括号内为放码点数值）。

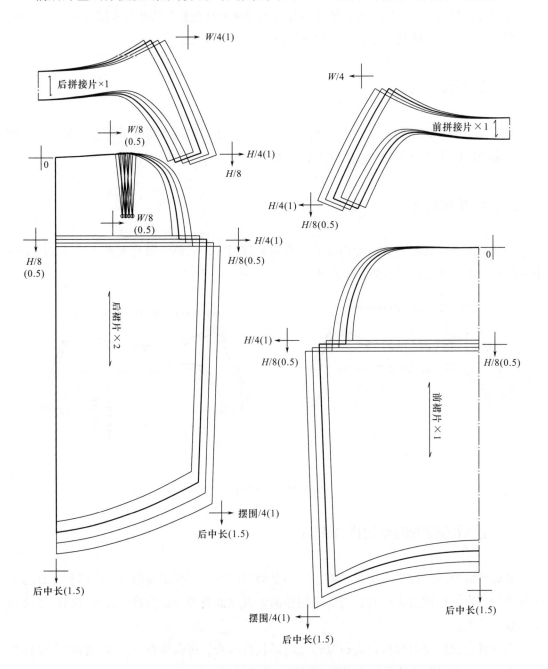

图 4-16　前后片基础样板缩放

二、腰贴边及下摆贴边基础样板缩放

前、后腰贴边，前、后下摆贴边基础样板各放码点计算公式和数值，如图4-17所示（括号内为放码点数值）。

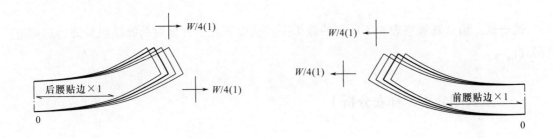

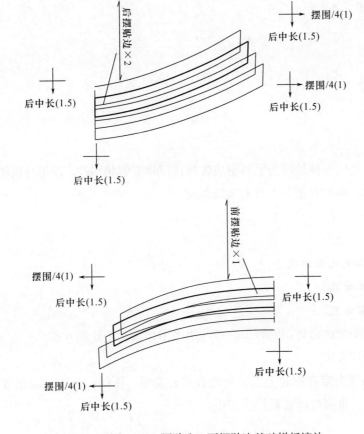

图4-17 腰贴边、下摆贴边基础样板缩放

重点提示：贴边也可先与裙身样板一起缩放以后，再取出。

项目三　荷叶摆织带饰边短裙

━━━ 流程一　服装分析 ━━━

试一试：请认真观察表 4-5 所示的效果图，从以下几个方面对荷叶摆织带饰边短裙进行分析。

一、款式图分析（样衣分析）

（一）款式分析

1. 整体款式特点
2. 腰头特点
3. 开口特点
4. 下摆特点

（二）材料分析

1. 面料分析
2. 辅料分析

拓展知识：织带是以各种纱线为原料制成狭幅状织物或管状织物。织带分机织、编结、针织三大类工艺技术，应用在服装上具有装饰作用。

（三）工艺分析

1. 弧形分割线工艺处理方式
2. 腰头工艺处理方式
3. 下摆工艺处理方式

想一想：荷叶摆织带饰边短裙的腰头织带饰边采用什么工艺处理方式？

采用夹缉工艺处理方式。

拓展知识：装饰性织带在服装上工艺处理方式有夹缉、压缉、滚边、嵌条等，不用加缝份，无须裁剪样板，直接按所需要长度使用。

表4-5　荷叶摆织带饰边短裙产品设计订单（一）

编号	ZZ-403	品名	荷叶摆织带饰边短裙	季节	春夏季

正视图

背视图

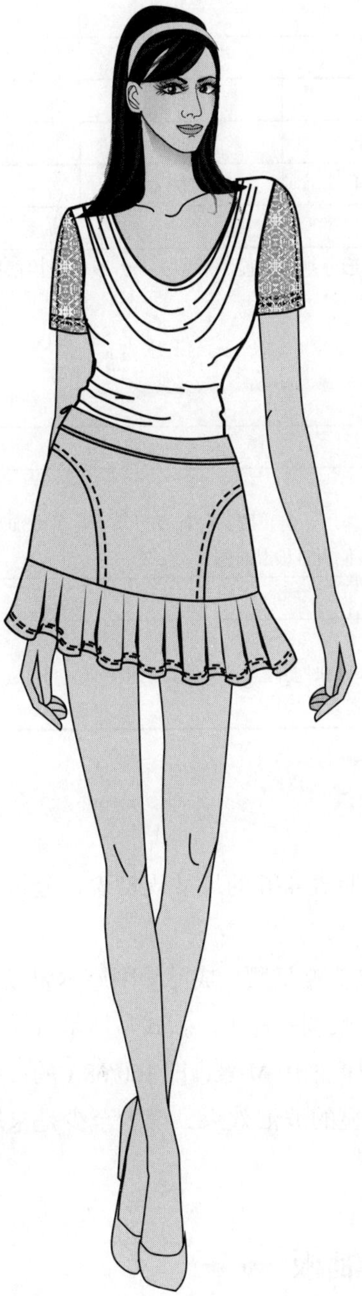

效果图

面料

表4-6 荷叶摆织带饰边短裙产品设计订单（二）

编号	ZZ-403	品名	荷叶摆织带饰边短裙		季节	春夏季
尺寸规格表（单位：cm）						
部位 ＼ 号型		S	M		L	XL
后中长		36	37		38	39
腰围		66	70		74	78
臀围		90	94		98	102
摆围		200	204		208	212
款式说明						
1. 整体款式特点：整体款式呈A型，裙长位于大腿中上部，弧形分割线从前、后腰头断开线处至裙摆拼合线处，裙摆为荷叶摆 2. 腰头特点：腰头呈低腰断开弧形状，装织带饰边 3. 开口特点：右侧缝开口装隐形拉链 4. 下摆特点：下摆展开呈波浪状						
材料说明						
1. 面料说明：裙身针织面料纬向弹性一般，经向无弹性 2. 辅料说明：腰头下方夹装机织织带，织带无弹性，可起牵制作用，防止腰头拉伸变形，不再另外加直纱牵条，腰头上口缝边采用直纱牵条，腰头贴边使用黏合衬，隐形拉链缝边使用直纱黏合衬						
工艺说明						
1. 弧形分割线压缉0.5cm宽明线 2. 腰头下方与裙身夹缉织带饰边，腰头装贴边，贴边上口加缝牵条时要注意内外腰口的里外匀，不吐里 3. 侧缝采用五线包缝，底摆折边双针链缝						

二、尺寸规格设计

试一试：先对该款式设计尺寸规格表，然后对照表4-6的尺寸规格表，分析主要部位尺寸设置的特点。

该款式裙长位于大腿中上部，裙长尺寸较小，腰头略低腰，成品腰围原本要设置比正常腰围大，但因面料有弹性，所以腰围成品尺寸与正常腰围一样大。款式整体呈A形，臀围需加放松量，下摆波浪褶需要有较大的摆量尺寸。中间板采用M号，即160/68A的尺寸规格。

拓展知识：裙子荷叶摆的摆围尺寸为形成较明显的波浪效果，摆围至少是未展开前摆围的2倍以上。

流程二 服装制板

一、结构制图

试一试：请采用M号，即160/68A针织半身裙基本型进行结构制图。

注意先绘制后片，再绘制前片。

（一）前后片基础结构制图（图4-18）

制图关键：

（1）在针织半身裙基本型上进行荷叶摆织带饰边短裙廓型处理：该款式腰围尺寸与针织半身裙基本型腰围尺寸一样大，先直接采用针织半身裙基本型的围度，修改裙长，从靠前后中的腰省尖点画纵向剪开线至下摆，以进行腰省合并转移，展开下摆。

（2）前后弧形分割线绘制：前后分割线尽量经过靠侧缝的腰省尖点，以进行腰省合并转移。

（3）前后腰头与贴边绘制：前后腰头在裙身上绘制后复制出来，进行腰省拼接，前后贴边与前后腰头一样，可直接复制前后腰头。

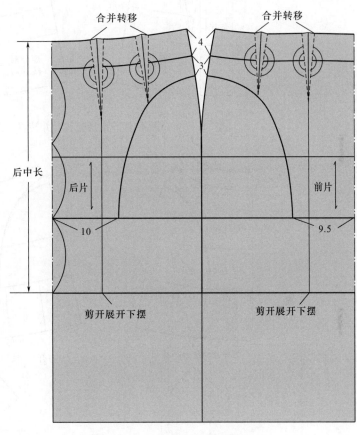

图4-18　前后片基础结构制图

（二）裙身腰省合并转移（图4-19）

重点提示： 靠前后中心线的腰省合并转移至下摆，使下摆呈A字型展开，同时增大臀围尺寸，前后靠侧缝线的腰省合并转移至分割线处，使腰部合体。原分割线因下摆展开而偏移，需要重新移动至原来的位置。

（三）前后荷叶摆处理（图4-20）

重点提示： 荷叶摆有几个波浪褶就等分几条剪开的褶线，每个褶的展开量为（摆围－原摆围）/褶数。

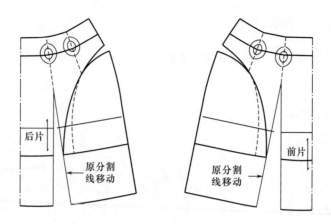

图 4-19　裙身腰省合并转移

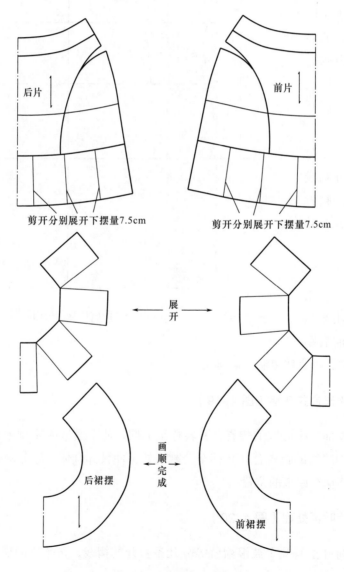

图 4-20　前后荷叶摆处理

二、样板制作

（一）复制样片

想一想：样片有哪些，一共有几片？

（1）后身：后裙中、后裙侧、后裙摆、后腰头。

（2）前身：前裙中、前裙侧、前裙摆、前腰头。

（3）零部件：前腰贴边、后腰贴边。

共有 10 片。

（二）检查样片

想一想：需要检查的部位有哪些？

（1）长度检查：主要检查前、后裙中片侧缝线；前、后裙侧片侧缝线；前、后裙摆侧缝线；前、后腰头侧缝线等，如图 4-21 所示。

（2）拼合检查：主要检查前、后裙中片；前、后裙侧片；前、后裙摆；前、后腰头拼合弧线等，如图 4-21 所示。

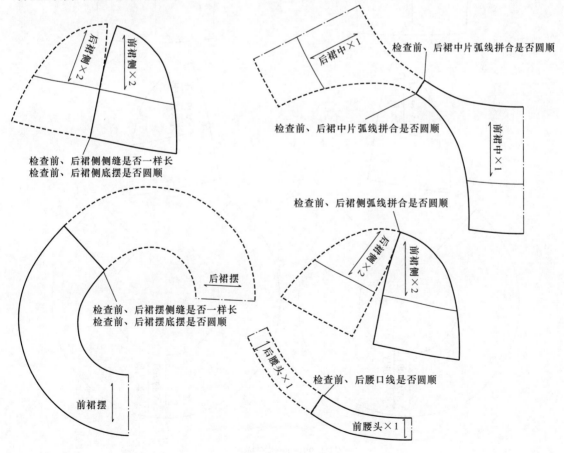

图 4-21　检查样片

（三）制作净样板

面料净样板制作，如图 4-22 所示，将检验后的样片进行复制，作为荷叶摆织带饰边短裙的净样板。

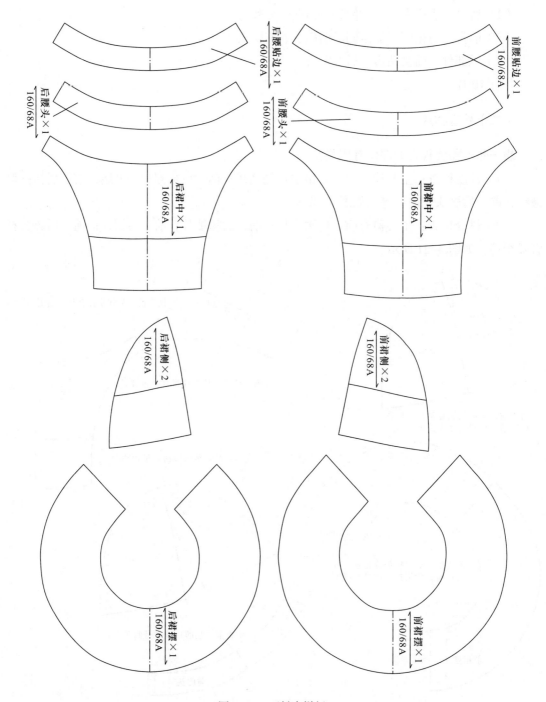

图 4-22　面料净样板

（四）制作毛样板

面料毛样板制作，如图 4-23 所示，在荷叶摆织带饰边短裙的净样板上，按图 4-23 所示各缝边的缝份进行加放。

重点提示： 前后腰贴腰口缝份比裙身腰口缝份小，使之里外匀，不吐里；右侧缝装隐形拉链缝份大一点，拉链装完会比较服帖。

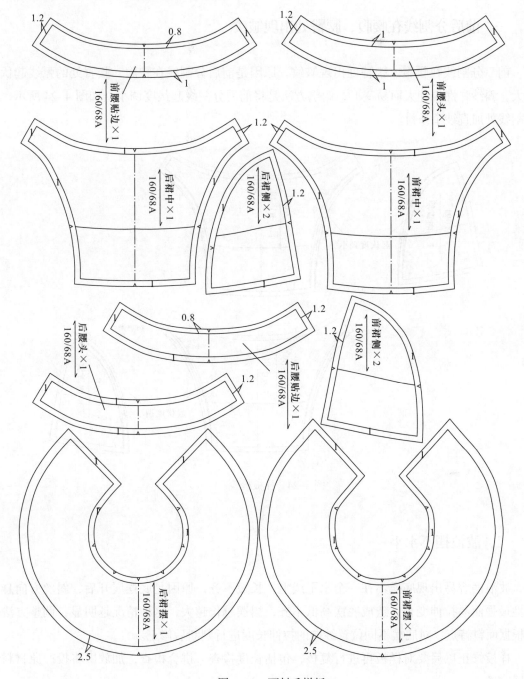

图 4-23　面料毛样板

━━ 流程三　样板检验 ━━

荷叶摆织带饰边短裙款式样衣腰腹部位常见弊病和样板修正方法与本模块项目一相似，可参照本模块项目一，其他部位常见弊病和样板修正方法有以下内容。

一、前后分割线在腰腹、腰臀处出现皱纹

前后分割线在腰腹、腰臀处出现皱纹，原因是前后分割线在腰腹、腰臀处的弧线起伏太大，斜纱弹性拉伸大而易变形，调整方法是将前后分割线起伏度调小，如图 4-24 所示，分割线处加直纱牵条衬。

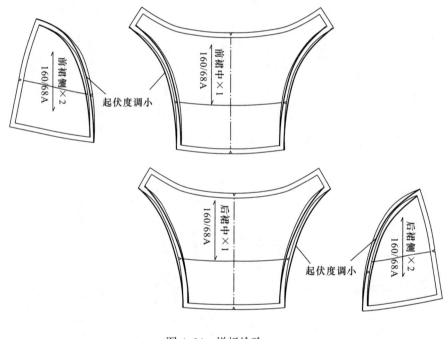

图 4-24　样板检验

二、波浪摆不水平

波浪摆容易出现底摆不在一个水平线上，长短不齐，原因是底摆展开后，斜丝方向悬垂性最强而易拉伸变长，造成底摆高低不齐，裙摆越长越大，这种情况越明显，调整方法是根据面料特点，对底摆不同位置纱向的拉伸长度进行判断后修正。

样板修正以后要对样板再进行复核，包括长度检查、拼合检查，加放即将投产原材料的回缩量。

流程四 样板缩放

一、后片基础样板缩放

后片各基础样板各放码点的计算公式和数值，如图 4-25 所示（括号内为放码点数值）。

重点提示：后裙中与后裙侧拼合处放码一样，可同时进行缩放。

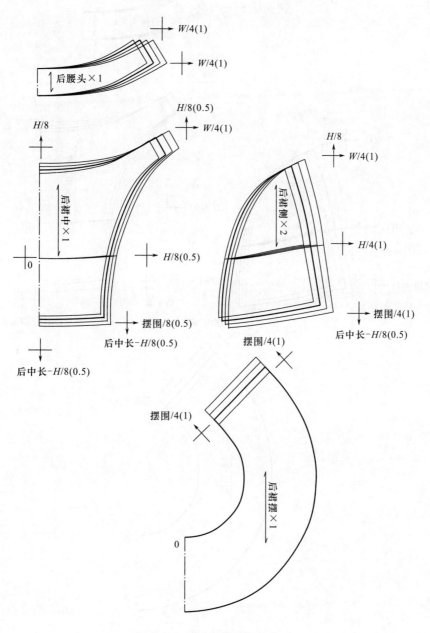

图 4-25 后片基础样板缩放

二、前片基础样板缩放

前片各基础样板各放码点的计算公式和数值，如图4-26所示（括号内为放码点数值）。
重点提示：前裙中与前裙侧拼合处放码一样，可同时进行缩放。

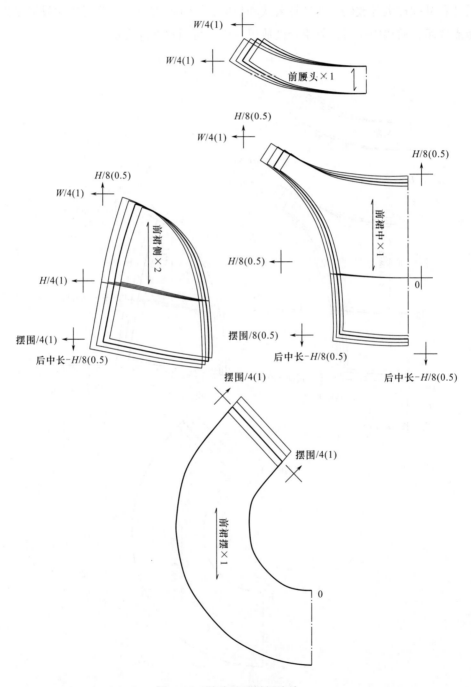

图4-26 前片基础样板缩放

项目四　不对称立体褶皱短裙

流程一　服装分析

试一试：请认真观察表 4-7 所示的效果图，从以下几个方面对不对称立体褶皱短裙进行分析。

一、款式图分析（样衣分析）

（一）款式分析

1. 整体款式特点

2. 腰头特点

3. 开口特点

4. 下摆特点

想一想：为什么不对称立体褶皱短裙款式下层左裙片上边不抽褶，而只在下边抽褶？

上层右裙片已经抽褶，若下层左裙片上边也抽褶的话，上下两层因抽褶堆积会使腰腹部变粗，影响美观，而左裙片下边抽褶是为了与右裙片抽褶形成上下延续性。

（二）材料分析

1. 面料分析

2. 辅料分析

（三）工艺分析

1. 腰头工艺处理方式

2. 下摆工艺处理方式

想一想：该款式裙腰头没有开口或装松紧带，要如何解决穿脱问题？

腰头内外均采用高弹高恢复性的面料，通过拉伸面料包缝处理，使面料拉伸后能略大于臀围尺寸，同时又能恢复到原来的尺寸，以解决穿脱问题。

二、尺寸规格设计

试一试：请自己先对该款式设计尺寸规格表，然后对照表 4-8 的尺寸规格表，分析主要部位尺寸设置的特点。

　　该款式裙因为面料弹性较大，所以腰围、臀围、摆围尺寸都较小，中间样板采用 M 号，即 160/68A 的尺寸规格。

表4-7　不对称立体褶皱短裙产品设计订单（一）

编号	ZZ-404	品名	不对称立体褶皱短裙	季节	秋冬季

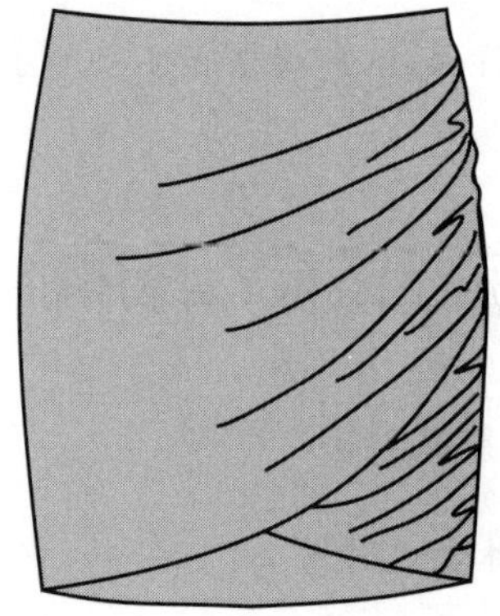

正视图

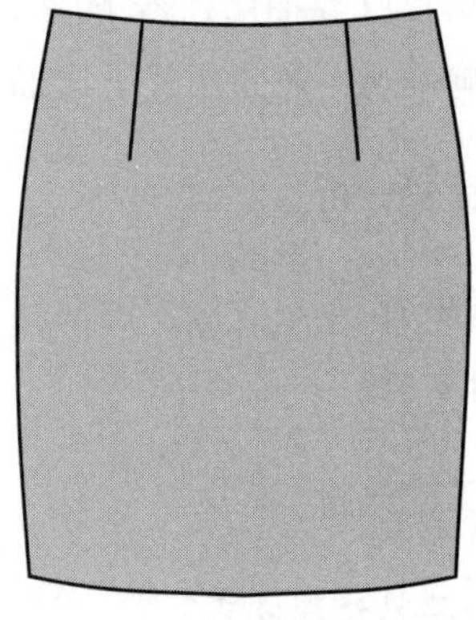

背视图

效果图　　　　　　　　面料 　　　　　里料

表4-8 不对称立体褶皱短裙产品设计订单（二）

编号	ZZ-404	品名	不对称立体褶皱短裙		季节	秋冬季
尺寸规格表（单位：cm）						
部位 ＼ 号型		S	M		L	XL
后中长		42.8	44		45.2	46.4
腰围		62	66		70	74
臀围		86	90		94	98
摆围		76	80		84	88
款式说明						
1. 整体款式特点：整体款式呈紧身H型，后裙长在大腿中部，前裙片两边不对称抽褶，后裙身收两个腰省，腰部合体，下摆呈前短后长弧线形 2. 腰头特点：无腰头，内装贴边 3. 开口特点：无开口 4. 下摆特点：下摆收紧，呈前短后长弧线形						
材料说明						
1. 面料分析：采用高弹力高恢复性针织面料，经纬向有较大弹性 2. 辅料分析：内装薄型针织里布，腰口贴边使用针织黏合衬						
工艺说明						
1. 该款式没有开口，腰头做贴边，制作时要内外拉伸后包缝，拉伸后尺寸略大于臀围尺寸，以方便穿脱，内外腰口注意里外匀，不吐里 2. 裙片五线包缝拼合，做全里，下摆与内里五线包缝，无压线						

流程二 服装制板

一、结构制图

试一试：请采用 M 号，即 160/68A 针织半身裙基本型进行结构制图。
注意先绘制后片，再绘制前片。

（一）前后片结构制图（图4-27、图4-28）

制图关键：

（1）在针织半身裙基本型上进行不对称立体褶皱短裙廓型处理：该款式是根据臀围尺寸在针织半身裙基本型上从前后中线整体收进 0.5cm，减掉后的腰围尺寸如果比成品臀围尺寸大，可从前后片的侧缝线再劈进 0.5cm，如图 4-27 所示。

（2）前后腰省处理：后腰省两个省合成一个，设置在后腰口中间位置，省的长度适当

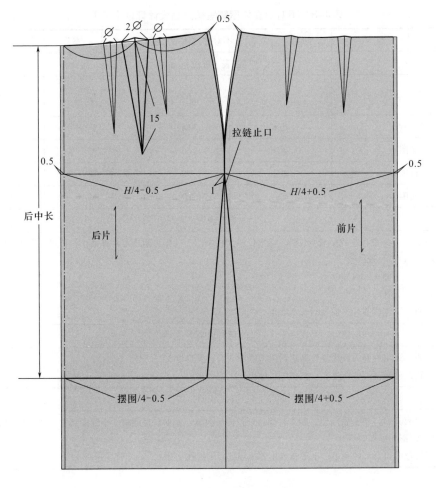

图 4-27　前后片结构制图

加长，前腰省尖点调整到褶线位置，以合并转移至褶线，如图 4-28 所示。

（3）前后底摆处理：前后片要注意侧缝长短一样、底摆弧度拼合后圆顺，如图 4-28 所示。

（4）前片褶线绘制：前片腰省适当调整长度，最长不宜超过臀围线，最短不宜短于 1/2 腰长，以免影响腰腹部的合体度，最上面的褶线尽量经过这些腰省尖点，其他褶线则根据等分位置绘制。

拓展知识：腰省的长短设置除了考虑设计因素以外，还要注意省量大小，省量越大，省要适当加长，但一般不超过臀围线，这样省缝处理完会比较自然服帖。

（二）前片褶的处理

重点提示：

（1）右前片褶的处理：右前片腰省转移到上边的褶线，其他褶线再另外展开褶量，如图 4-29 所示，最后修顺。

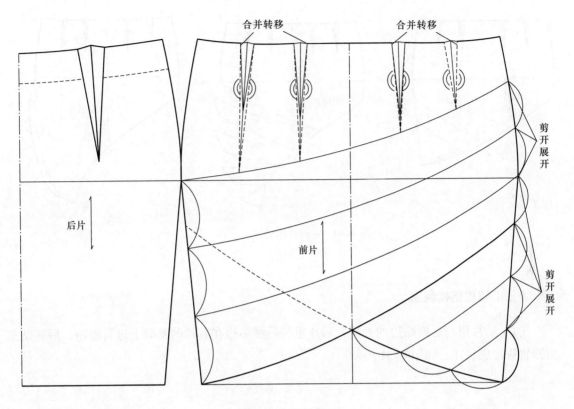

图 4-28　褶线绘制

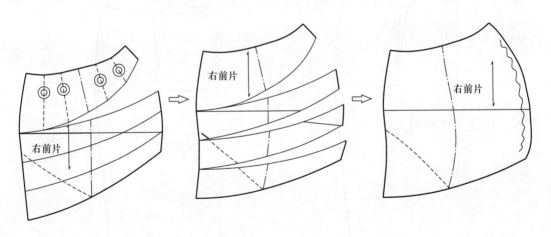

图 4-29　右前片裙处理

（2）左前片褶的处理：左前片腰省不转移，可保留，如果省量较小，可两个省合并成一个省，处理方法与后裙片相同，下边展开褶量，注意与右前片褶量一样，如图 4-30所示。

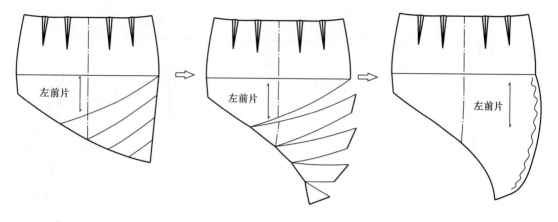

图 4-30　左前片裙处理

（三）裙里结构制图

（1）后片里与后腰贴边的处理：后片里与后腰贴边在后片的基础上进行绘制，后腰贴边腰省拼接成一片，如图 4-31 所示。

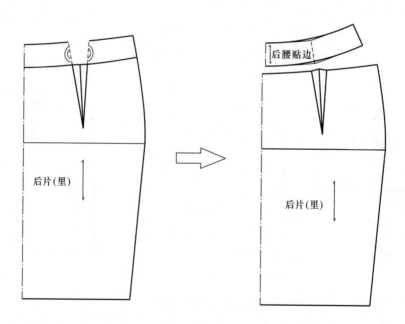

图 4-31　后片里与后腰贴边处理

（2）前片里与前腰贴边的处理：前片里左右片一样，前片里与前腰贴边在前片的基础上进行绘制，如图 4-32 所示。前腰贴边腰省拼接成一片，如图 4-33 所示，前裙里腰省处理方法与后片一样。

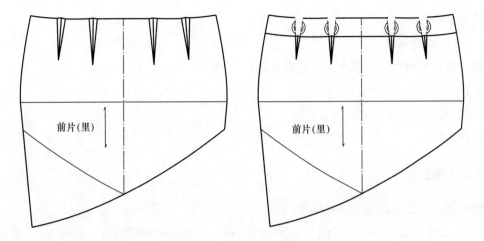

图 4-32　绘制前片里与前腰贴边

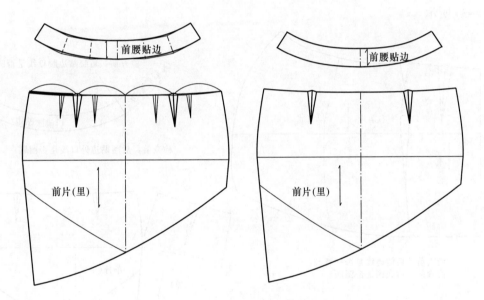

图 4-33　处理前片腰省

二、样板制作

（一）复制样片

1. 复制面料样片

想一想：面料样片有哪些，一共有几片？

（1）后身：后片。

（2）前身：右前片、左前片。

（3）零部件：前腰贴边、后腰贴边。

共有 5 片。

2. 复制里料样片

想一想：里料样片有哪些，一共有几片？

（1）后身：后片里。

（2）前身：前片里。

共有 2 片。

（二）检查样片

想一想：需要检查的部位有哪些？

（1）长度检查：主要检查前、后侧缝线；前、后腰贴边侧缝线等，如图 4-34 所示。

（2）拼合检查：主要检查前、后腰口线和底摆；前、后腰贴边的腰口线、外口线等，如图 4-34 所示。

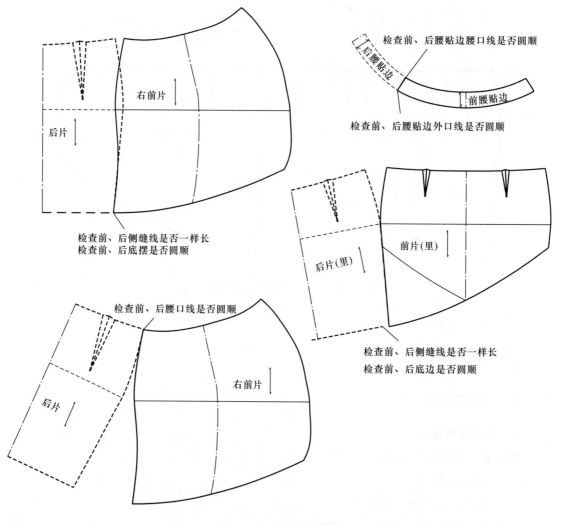

图 4-34　检查样片

（三）制作净样板

1. 制作面料净样板

面料净样板制作，如图 4-35 所示，将检验后的面料样片进行复制，作为不对称立体褶皱短裙的净样板。

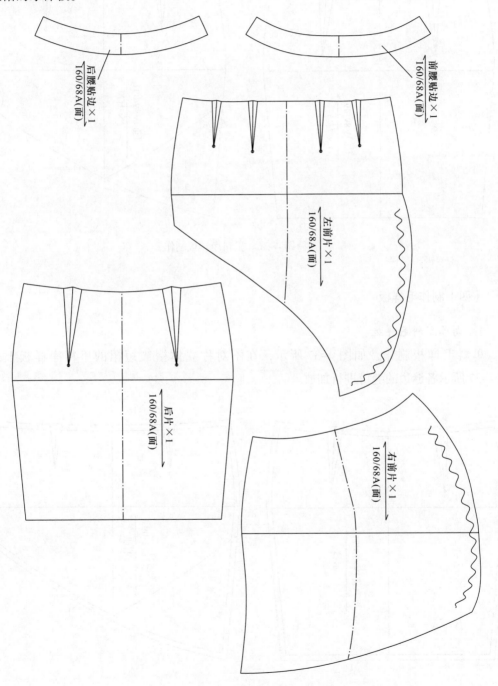

图 4-35 面料净样板制作

2. 制作里料净样板

里料净样板制作，如图 4-36 所示，将检验后的里料样片进行复制，作为不对称立体褶皱短裙的里料净样板。

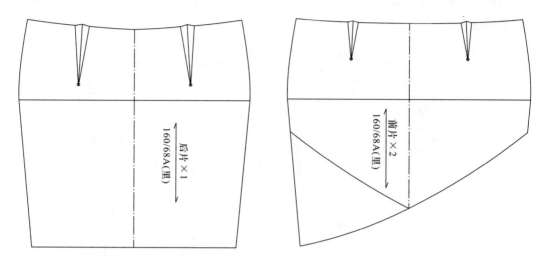

图 4-36　里料净样板制作

（四）制作毛样板

1. 制作里料毛样板

里料毛样板制作，如图 4-37 所示，在不对称立体褶皱短裙的里料净样板上，按图 4-37 所示各缝边的缝份进行加放。

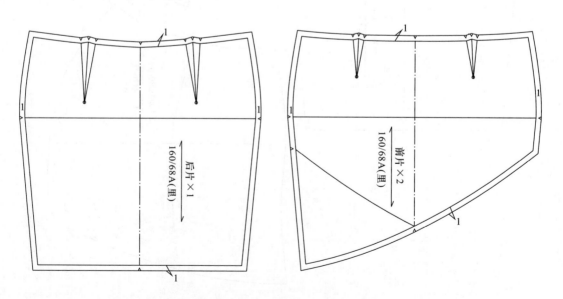

图 4-37　里料毛样板制作

2. 制作面料毛样板

面料毛样板制作如图 4-38 所示，在不对称立体褶皱短裙的面料净样板上，如图所示对各缝边的缝份进行加放。

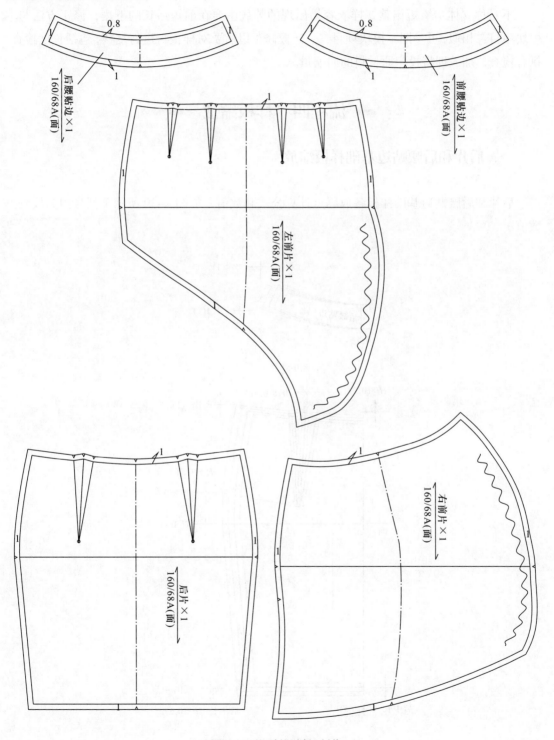

图 4-38　面料毛样板制作

━━ **流程三　样板检验** ━━

　　不对称立体褶皱短裙款式样衣容易出现的弊病主要在前短后长的下摆，修正方法与本模块项目二相似，可参照本模块项目二。样板修正以后要对样板再进行复核，包括长度检查、拼合检查，加放即将投产原材料的回缩量。

━━ **流程四　样板缩放** ━━

一、后片和后腰贴边基础样板缩放

　　后片和后腰贴边基础样板各放码点计算公式和数值，如图 4-39 所示（括号内为放码点数值）。

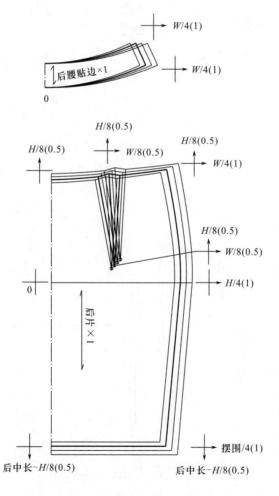

图 4-39　后片和后腰贴边样板缩放

二、左前片和前腰贴边基础样板缩放

左前片、前腰贴基础样板各放码点计算公式和数值，如图4-40所示（括号内为放码点数值）。

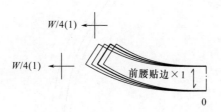

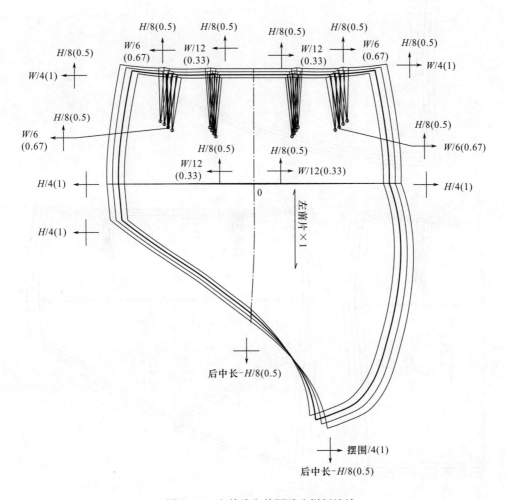

图4-40　左前片和前腰贴边样板缩放

三、右前片和裙里系列样板缩放（图4-41）

重点提示：右前片和裙里参照左前片和后片进行样板缩放。

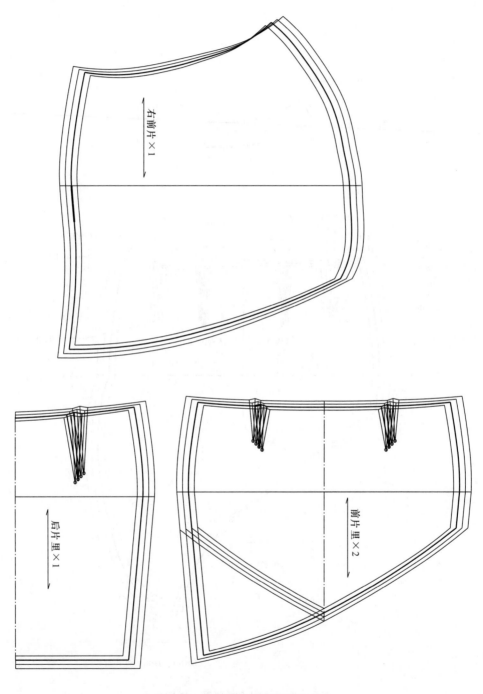

图4-41　右前片和裙里样板缩放

模块五 针织女裤制板

学习目标

1. 认识针织女裤常见品种和结构特点。
2. 掌握常规款式针织女裤的制板方法和流程。
3. 掌握针织女裤样板号型规格设置与放码规律。

学习重点

1. 在针织女裤基本型基础上变化各种造型裤子的板样处理方法。
2. 针织女裤基本型省道转移方法及与各种裤子廓型变化的关系。
3. 针织女裤样板放码规律。

项目一 罗纹腰头运动裤

<hr>

流程一 服装分析

试一试：请认真观察表5-1所示的效果图，从以下几个方面对罗纹腰头运动裤进行分析。

一、款式图分析（样衣分析）

（一）款式分析

1. 整体款式特点
2. 腰头特点
3. 口袋特点

（二）材料分析

1. 面料分析
2. 辅料分析

表5-1　罗纹腰头运动裤产品设计订单（一）

编号	ZZ-501	品名	罗纹腰头运动裤	季节	春夏季

效果图

正视图

侧视图

背视图

面料A

面料B

罗纹布C

表5-2 罗纹腰头运动裤产品设计订单（二）

编号	ZZ-501	品名	罗纹腰头运动裤		季节	春夏季
尺寸规格表（单位：cm）						
部位 \ 号型		S	M	L		XL
裤长		94	96	98		100
腰围		64	68	72		76
臀围		88	92	96		100
膝围		33.5	35	36.5		38
裤口		26.5	28	29.5		31
腰头宽		5	5	5		5
款式说明						
1. 整体款式特点：裤长至脚踝处，属长裤类，整体款式呈修身直筒型，前裤片有两个斜口袋，从前侧边腰头到侧边裤口有两条装饰织带 2. 腰头特点：装罗纹腰头，以抽绳调节 3. 口袋特点：单嵌线挖口袋						
材料说明						
1. 面料说明：裤身和袋布采用灰色针织面料，纬向弹性较大，经向无弹性，袋嵌采用白色针织面料，腰头采用白色罗纹布 2. 辅料说明：腰头装抽绳，侧边压缝白色针织织带						
工艺说明						
1. 侧缝采用五线包缝，裤口折边用双针链缝，腰头专机压双线，中间钉金属孔，抽绳穿出 2. 单嵌线挖口袋，袋口四周压缝0.15cm宽明线 3. 织带边缘压缝0.15cm宽明线						

想一想：该款式侧边使用的织带与模块四项目三荷叶摆织带饰边短裙的织带有什么不同？

该款式侧边使用的织带为针织织带，弹性较好，用于裤子侧边会比较服帖，而荷叶摆织带饰边短裙的织带为机织织带，无弹性，用于腰头拼缝处起牵制作用。

想一想：罗纹腰头运动裤腰头采用抽绳有什么作用？

罗纹布较松紧带柔软，弹性不如松紧带，用于腰头容易伸长变松，采用抽绳可辅助调节腰头松紧。

拓展知识：罗纹针织物是由一根纱线依次在正面和反面形成线圈纵行的针织物，表面线圈纵行纹路清晰，横向拉伸时具有较大的弹性和延伸性，且不易卷边，常用于需要一定弹性的服装部位，如领口、袖口、裤口、腰头等。

（三）工艺分析

1. **腰头工艺处理方式**
2. **口袋工艺处理方式**
3. **织带工艺处理方式**

想一想：该款式侧边织带的工艺处理方式与模块四项目三"荷叶摆织带饰边短裙"的织带工艺处理方式有什么不同？

该款式侧边织带采用压缉的工艺处理方式，荷叶摆织带饰边短裙织带采用夹缉的工艺处理方式。

二、尺寸规格设计

想一想：针织女裤一般要设置哪些部位尺寸？

裤长、直裆、腰围、臀围、膝围、裤口等。

试一试：请自己先对该款式设计尺寸规格表，然后对照表5-2的尺寸规格表，分析主要部位尺寸设置的特点。

该款式裤较紧身，且面料纬向弹性较大，所以臀围和膝围不加放松量或适当减量，腰头为低腰罗纹腰头，有抽绳，成品尺寸按低腰位置量取再减量。中间板采用M号，即160/68A的尺寸规格。

拓展知识：现代运动裤不再像传统运动裤以运动功能性设计为重点，而是兼具时尚性，在结构设计上融入了一些时装裤的特点，如低腰和包臀设计，因此该款式裤子直裆量要设计得比原型小，前后横裆量较小，后窿门弯势较大，这样能更好地体现臀部造型。

━━━ 流程二　服装制板 ▶

一、结构制图

试一试：请采用M号，即160/68A针织女裤基本型进行结构制图。

注意先绘制前片，再绘制后片。

（一）前后片结构制图（图5-1）

制图关键：

（1）在针织女裤基本型上进行罗纹腰头运动裤廓型处理：该款式腰节线从基本型下落2cm，再从新腰节线量取长度：裤长－腰头宽，裤裆以上部分根据臀围在基本型的基础上整体收进0.5cm，新腰围多余的量做缩缝量，裤裆以下按膝围、裤口尺寸绘制裤腿。

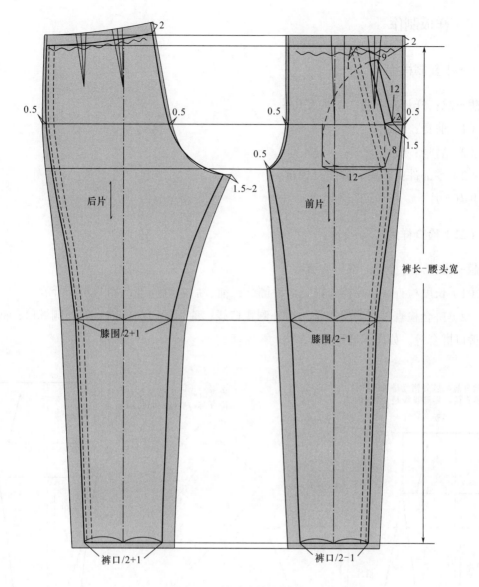

图 5-1　前后片结构制图

（2）后窿门绘制：后片小档宽比基本型收进 1.5 ～ 2cm，后窿门凹势相应调小。

（3）口袋绘制：袋布长的设置一般不低于横档线，以免影响裤腿的美观性。

（二）腰头结构制图（图 5-2）

图 5-2　腰头结构制图

二、样板制作

（一）复制样片

想一想：样片有哪些，一共有几片？

（1）前身：前片。

（2）后身：后片。

（3）零部件：腰头、袋嵌、袋布。

共有 5 片。

（二）检查样片

想一想：需要检查的部位有哪些？

（1）长度检查：主要检查前、后外侧缝；前、后内侧缝等，如图 5-3 所示。

（2）拼合检查：主要检查前、后外侧腰口线；前、后窿门；前、后外侧裤口；前、后内侧裤口拼合等，如图 5-3 所示。

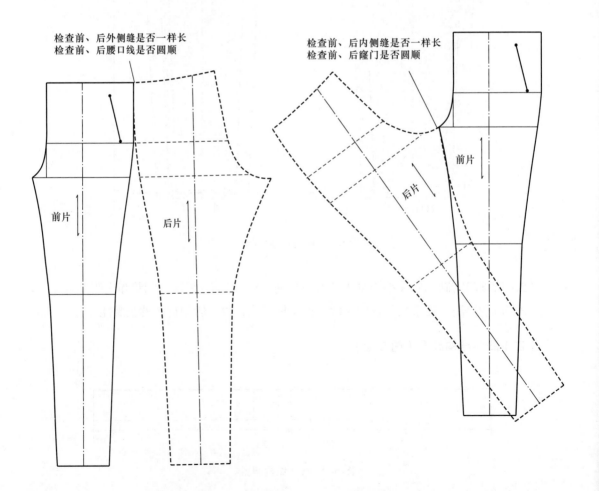

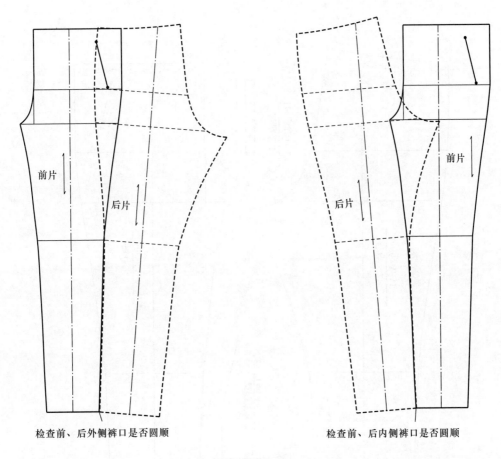

检查前、后外侧裤口是否圆顺 　　　　　　　检查前、后内侧裤口是否圆顺

图 5-3　检查样片

（三）制作净样板

前、后片和零部件面料净样板制作，如图 5-4 所示，将检验后的样片进行复制，作为罗纹腰头运动裤的净样板。

重点提示：文字标注中的（A）是所使用的不同面料的标明。

（四）制作毛样板

前、后片和零部件面料毛样板制作，如图 5-5 所示，在罗纹腰头运动裤的净样板上，按图 5-5 所示各缝边的缝份进行加放。

重点提示：袋后布袋口比袋前布袋口多加放的 1.5cm 缝份是袋嵌的宽度。

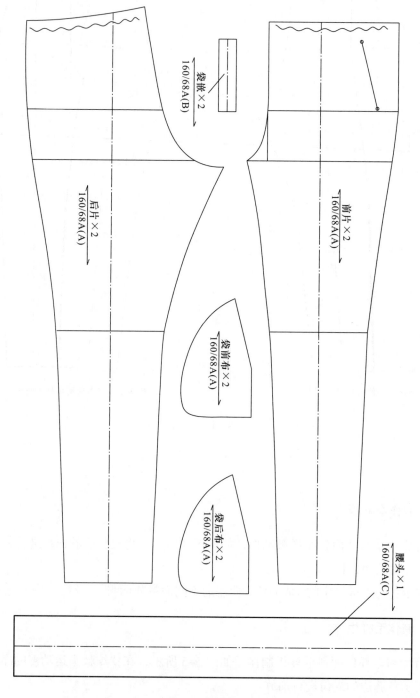

图 5-4　净样板制作

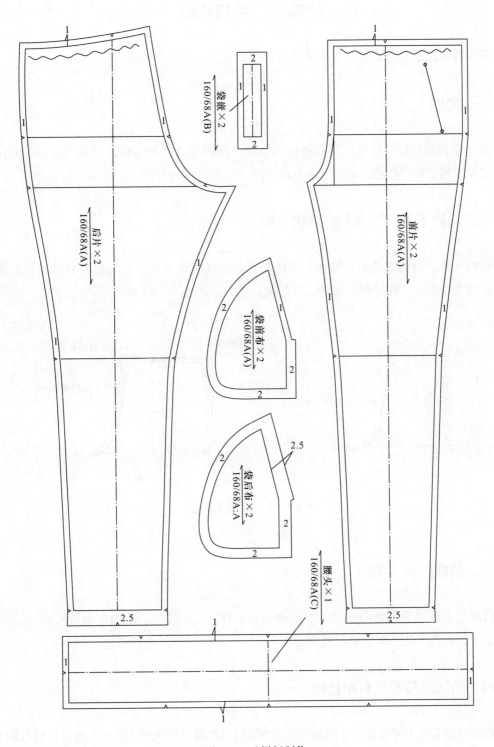

图 5-5　毛样板制作

━━ 流程三　样板检验 ━━

罗纹腰头运动裤款式样衣常见弊病和样板修正方法有以下内容。

一、夹裆

裤子穿着后后窿门吊紧，后裆缝嵌入股间，原因是低腰下落后，后窿门凹势不够，调整方法是增加后窿门凹势，如图5-6（a）所示。

二、后裆下垂，臀部起涟漪状皱褶

后裆下垂，臀部起涟漪状皱褶，原因是后裆缝倾斜度太大，后起翘太高，调整方法是减小后裆缝倾斜度，侧缝相应移进，后起翘降低，如图5-6（b）所示。

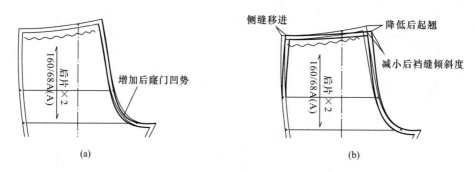

图5-6　运动裤常见弊病

三、前窿门生"胡须"

前中线下端出现几条向上的八字形褶皱，俗称"长胡须"，原因是前裤片的小裆弯度凹势不足，调整方法是加大小裆弧线弯度。

四、抬腿时膝盖处有牵扯感

抬腿时膝盖处有牵扯感，原因是后裆弯偏小，内侧缝画得太凹，调整方法是后裆弯加大，向外一点画顺内侧缝。

五、裤口外豁

前后外侧缝吊起，裤口向外豁，原因是横裆以上的部位前后外侧缝劈势不够，侧缝线太短，调整方法是加大前后外侧缝劈势，将外侧缝线延长。

样板修正以后要对样板再进行复核，包括长度检查、拼合检查，加放即将投产原材料的回缩量，注意根据三种面料的回缩率调整对应的样板尺寸。

━━━ 流程四　样板缩放 ━━━

一、前片及零部件基础样板缩放

前片及零部件基础样板各放码点的计算公式和数值，如图 5-7 所示（括号内为放码点数值）。

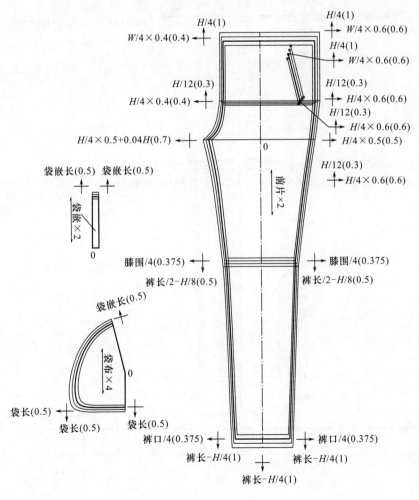

图 5-7　前片及零部件样板缩放

重点提示：前片以裤子烫迹线和横裆线的交点为坐标原点，裤口和膝围线按 1/4 的比例对称缩放，而腰围、臀围、横裆两边按不同比例缩放，注意两边比值的分配。

二、后片及腰头基础样板缩放

后片及腰头基础样板各放码点计算公式和数值如图 5-8 所示（括号内为放码点数值）。

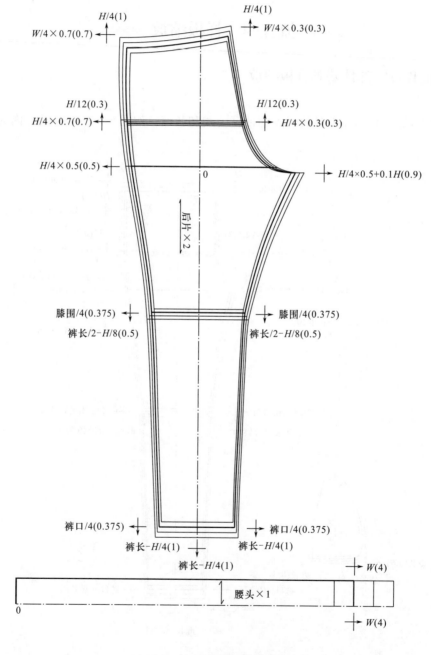

图 5-8　后片及腰头样板缩放

项目二　健身休闲热裤

━━ 流程一　服装分析 ━━

试一试：请认真观察表 5-3 所示的效果图，从以下几个方面对健身休闲热裤进行分析。

一、款式图分析（样衣分析）

（一）款式分析

1. 整体款式特点
2. 腰头特点
3. 裤口特点

想一想：健身休闲热裤裤口为什么略收，呈前短后长？

该款裤子较短，长度在大腿根部下，且较宽松，裤口略收，呈前短后长，可以较好地包住臀部，使之不外露。

（二）材料分析

1. 面料分析
2. 辅料分析

拓展知识：毛圈布是针织面料的品种，织造时，某些纱线按一定的比例在织物其余的纱线上呈现为线圈并停留在织物的表面，呈现鱼鳞状，俗称"鱼鳞布"。毛圈布又分单面毛圈布和双面毛圈布、大毛圈布和小毛圈布。本款式裤身拼接使用单面小毛圈布的正面和反面，正面光洁，反面线圈细小呈横行纹理。

（三）工艺分析

1. 腰头工艺处理方式
2. 裤口工艺处理方式

表5-3　健身休闲热裤产品设计订单（一）

编号	ZZ-502	品名	健身休闲热裤	季节	夏季

正视图 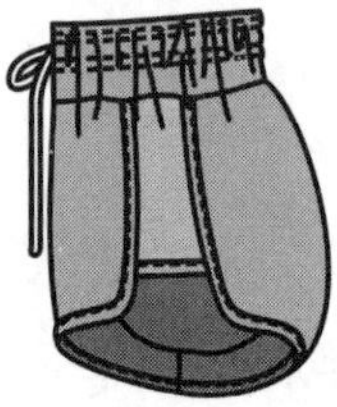　　　　　　侧视图

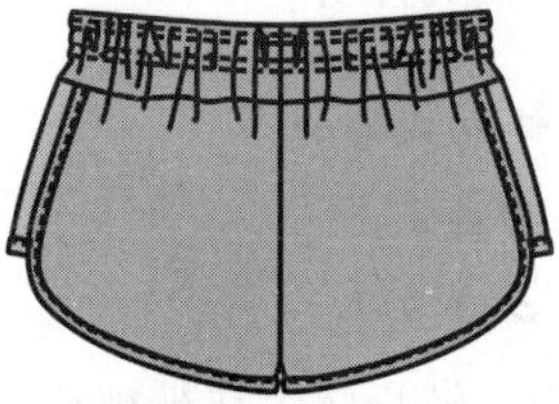

背视图

面料正面

效果图 　　　　　　面料反面

表5-4 健身休闲热裤产品设计订单（二）

编号	ZZ-502	品名	健身休闲裤		季节	夏季
尺寸规格表（单位：cm）						
部位 \ 号型		S	M		L	XL
裤长		26	27		28	29
腰围（紧）		62	66		70	74
腰围（拉伸后）		90	94		98	102
臀围		94	98		102	106
前裆弧长		24	25		26	27
后裆弧长		30	31		32	33
大腿围		52	54		56	58
裤口		50	52		54	56
款式说明						
1. 整体款式特点：裤长至大腿根部下，属超短裤，整体款式呈宽松直筒型，两侧翻布拼接 2. 腰头特点：装松紧腰头，抽绳调节 3. 裤口特点：略收，呈前短后长曲折形						
材料说明						
1. 面料说明：裤身主要采用纯棉单面小毛圈卫衣布，纬向弹性较大，经向无弹性，裤子两侧采用反面拼接，前后裤口连侧边和侧边裤口均采用同色面料正面滚条滚边 2. 辅料说明：腰头装松紧带和抽绳						
工艺说明						
1. 内外侧缝采用五线包缝，腰头专机装松紧带，中间钉金属孔穿抽绳 2. 前后裤口连侧边和侧边裤口均包缉同色面料正面滚条						

想一想：健身休闲热裤腰头工艺处理方式与本模块项目—罗纹腰头运动裤有什么异同点？

两个款式裤子的腰头都是低腰位装松紧腰头，该款式的腰头里面装松紧带和抽绳，罗纹腰头运动裤腰头是拼装罗纹布和抽绳。

二、尺寸规格设计

试一试：请自己先对该款式设计尺寸规格表，然后对照表5-4的尺寸规格表，分析主要部位尺寸设置的特点。

该款式较宽松，面料纬向弹性较大，臀围不加放松量，腰头装松紧带，要减量，裤口尺寸要比大腿围小。中间板采用M号，即160/68A的尺寸规格。

想一想：一般腰头装松紧带，拉伸后的腰围尺寸要比臀围尺寸大，方便穿脱，为什么该款裤子拉伸后的腰围尺寸比臀围尺寸小?

因为腰头采用的针织面料纬向有弹性，可弥补拉伸不足的量，且针织面料的腰头经常被拉伸会比较容易变松，所以尺寸宜设置小一点。

━━ 流程二　服装制板 ━━

一、结构制图

试一试：请采用 M 号，即 160/68A 针织女裤基本型进行结构制图。

注意先绘制前片，再绘制后片。

（一）前后片结构制图（图 5-9）

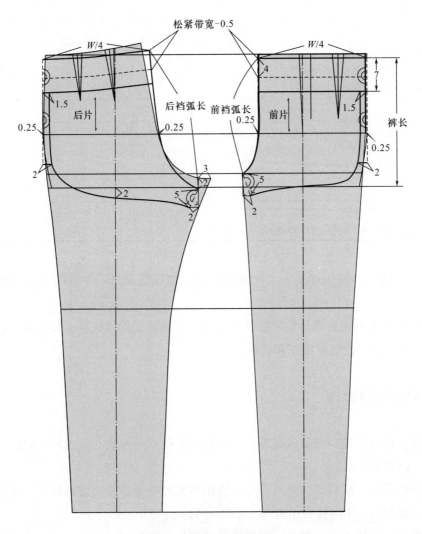

图 5-9　前后片结构制图

制图关键：

（1）在针织女裤基本型上进行健身休闲热裤廓型处理：该款式先根据前裆弧长尺寸设置腰围线位置，再从新腰围线处量取裤长，臀围在针织女裤基本型上外放0.25cm，新腰围按尺寸重新设置。

（2）后裆绘制：为形成包臀的效果，后裆缝比基本型收进3cm，低落2cm左右。

（3）裤口绘制：前后裤口内收，后裤口线在裤中线处比前裤口线下落2cm，使臀部不易外露，前后内侧缝线注意等长，前后片在内侧缝线处拼接成一片以后，要对前后裤口再进行画顺，如图5-10所示。

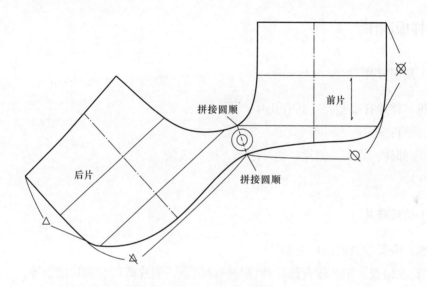

图5-10　裤口绘制

（4）侧片绘制：侧片在裤身上绘制，拼接线画直，以便拼接，如图5-9所示。

（5）腰头绘制：腰头在裤身上截取以后，可另外裁制直腰头，这样腰头贴边与腰头可连在一起裁制，如图5-11所示。

（二）零部件结构制图（图5-11）

图5-11

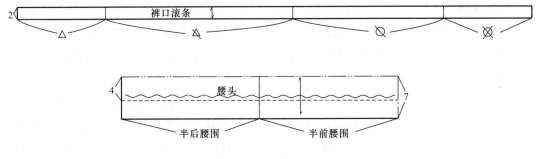

图 5-11　零部件结构制图

二、样板制作

（一）复制样片

想一想：样片有哪些，一共有几片？

（1）裤身：裤片。

（2）零部件：腰头、侧片、侧片滚条、裤口滚条。

共有 5 片。

（二）检查样片

想一想：需要检查的部位有哪些？

（1）长度检查：主要检查裤片裤口与裤口滚条、侧片裤口与侧片滚条等。

（2）拼合检查：主要检查裤片前后外侧腰口线，如图 5-12 所示。

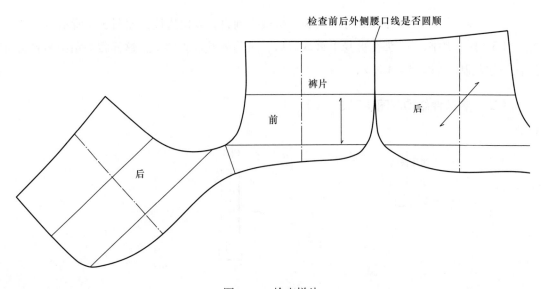

图 5-12　检查样片

（三）制作净样板

裤片和零部件面料净样板制作，如图 5-13 所示，将检验后的样片进行复制，作为健身休闲热裤的净样板。

重点提示：侧片要标注反面。

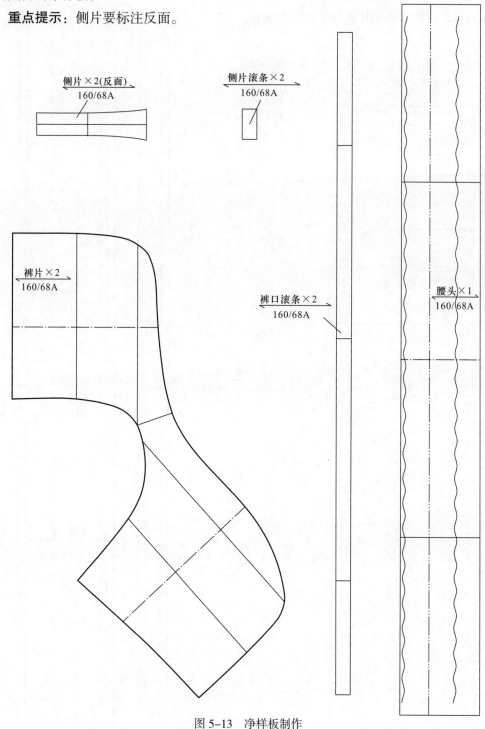

图 5-13　净样板制作

（四）制作毛样板

裤片和零部件面料毛样板制作，如图 5-14 所示，在健身休闲热裤的净样板图上按图 5-14 所示各缝边的缝份进行加放。

重点提示：裤片和侧片裤口滚边不加缝份。

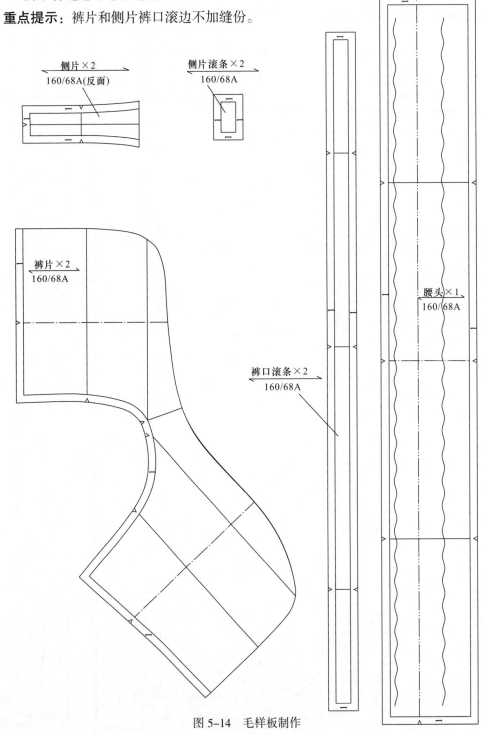

图 5-14　毛样板制作

流程三　样板检验

健身休闲热裤款式样衣常见弊病和样板修正方法可参照本模块项目一，其他部位常见弊病和样板修正方法有：

一、前裤口贴大腿

前裤口会贴着大腿，原因是后片落裆不够，调整方法是将后片落裆加深，窿门略加大。

二、前后裤口在大腿内侧堆绞

前后裤口会在大腿内侧堆绞，原因是前后裤口在下裆缝处内收量不够，调整方法是增加前后裤口在下裆缝处的内收量。

样板修正以后要对样板再进行复核，包括长度检查、拼合检查，加放即将投产原材料的回缩量。

流程四　样板缩放

一、腰头基础样板缩放（图5-15）

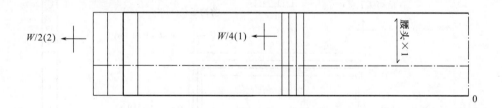

图 5-15　腰头样板缩放

二、裤片及零部件基础样板缩放

裤片及零部件基础样板各放码点计算公式和数值如图5-16所示（括号内为放码点数值）。

重点提示：裤片先分前后片缩放以后，再拼接成一片，前后裤片以裤子烫迹线和横裆线的交点为坐标原点，裤口线按1/4的比例对称缩放，而腰围、臀围和横裆两边按不同比例缩放，注意两边比值的分配。

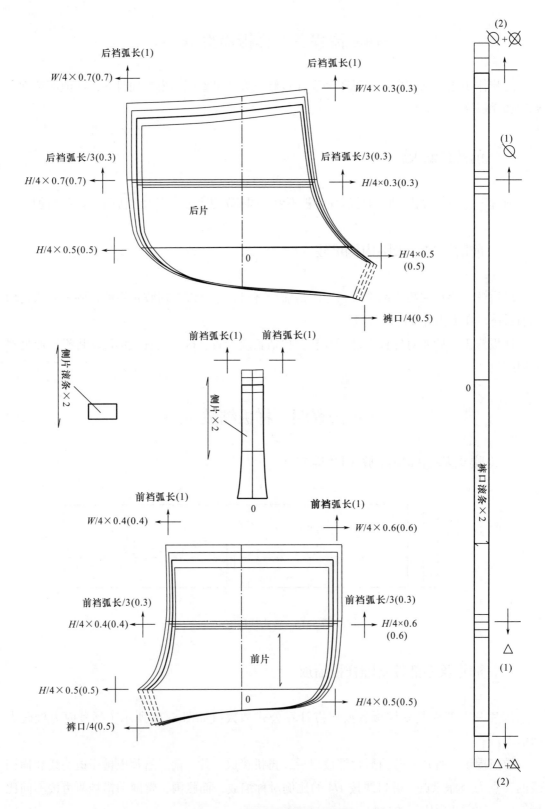

图 5-16　裤片及零部件样板缩放

项目三 连腰花苞小脚裤

—— 流程一 服装分析 ——

试一试：请认真观察表 5-5 所示的效果图，从以下几个方面对连腰花苞小脚裤进行分析。

一、款式图分析（样衣分析）

（一）款式分析

1. 整体款式特点
2. 腰头特点
3. 开口特点
4. 裤口特点

（二）材料分析

1. 面料分析
2. 辅料分析

（三）工艺分析

1. 整体工艺处理方式
2. 腰头工艺处理方式
3. 开口工艺处理方式

二、尺寸规格设计

试一试：请自己先对该款式设计尺寸规格表，然后对照表 5-6 的尺寸规格表，分析主要部位尺寸设置的特点。

大腿围为前后横裆总量值，是调整前后小横裆量的参考。中间板采用 M 号，即 160/68A 的尺寸规格。

拓展知识：裤子分割线尽量不设置在膝围线处，可设置在膝围线以上，这样既不影响膝关节活动，又能拉长小腿的比例。

表5-5　连腰花苞小脚裤产品设计订单（一）

编号	ZZ-503	品名	连腰花苞小脚裤	季节	秋冬季

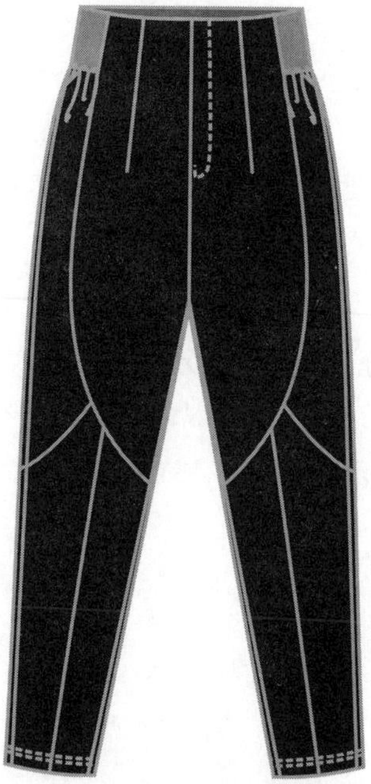

正视图

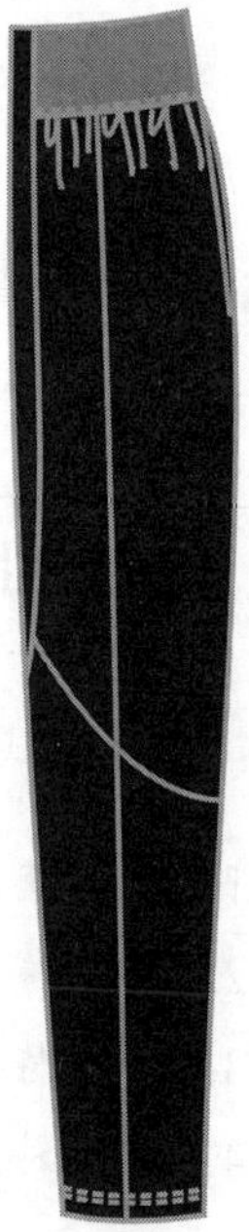

侧视图

效果图

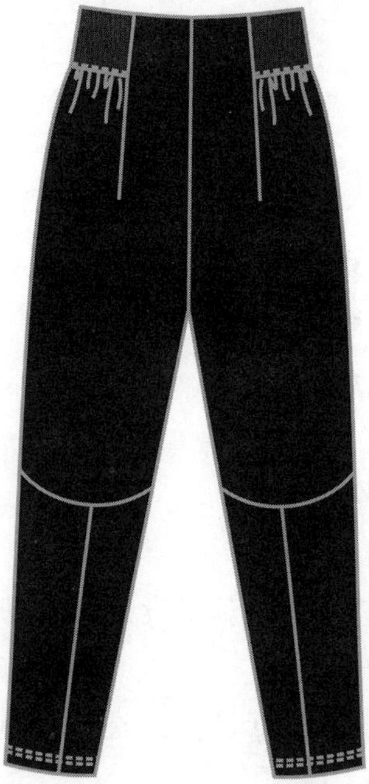

背视图

面料

表5-6　连腰花苞小脚裤产品设计订单（二）

编号	ZZ-503	品名	连腰花苞小脚裤		季节	秋冬季
尺寸规格表（单位：cm）						

号型 部位	S	M	L	XL
裤长	97	99	101	103
腰围（紧）	62	66	70	74
腰围（拉伸后）	72	76	80	84
臀围	94	98	102	106
前裆弧长	28.7	29.8	30.9	31
后裆弧长	36.7	38	39.3	40.6
大腿围	60	62.5	65	67.5
膝围	34	35.3	36.6	37.9
裤口	31	32	33	34

款式说明

1. 整体款式选战：裤长至脚踝，属长裤，膝围处弧形分割线以上较宽松，呈O型，分割线以下较紧身，整体款式呈花苞状
2. 腰头特点：前后中连腰头，两侧拼接松紧带
3. 开口特点：前中开口装门襟拉链
4. 裤口特点：裤口收紧

材料说明

1. 面料说明：裤身主要采用中等厚度针织面料，纬向有弹性，经向无弹性
2. 辅料说明：前后中连腰头，两侧拼接8cm宽松紧带，门襟装拉链，搭门开口用对钩，腰头贴边和门襟使用黏合衬，膝围处弧形分割线缝边使用直纱牵条

工艺说明

1. 裤片侧缝采用五线包缝，裤口折边双针链缝
2. 前后中连腰头内装贴边，连腰头两侧拼装松紧带，松紧带拉伸后压缉前后裤侧缝腰口线，使之抽缩，明缉线宽0.1～0.15cm宽
3. 前中开口装门襟拉链，压3.5cm宽的明线

━━ 流程二　服装制板 ━━

一、结构制图

试一试：请采用M号，即160/68A针织女裤基本型进行结构制图。

注意：先绘制前片，再绘制后片，前后片结构制图如图 5-17 所示。

制图关键：

（1）在针织女裤基本型上进行连腰花苞小脚裤廓型处理：该款式横裆以上外轮廓根据臀围尺寸制订，在基本型的基础上整体外放 0.25cm，调整后的前后总横裆量如果与大腿围不一致，要适当调整前后小横裆，然后根据前裆弧长和后裆弧长尺寸设置前后腰围线位置，

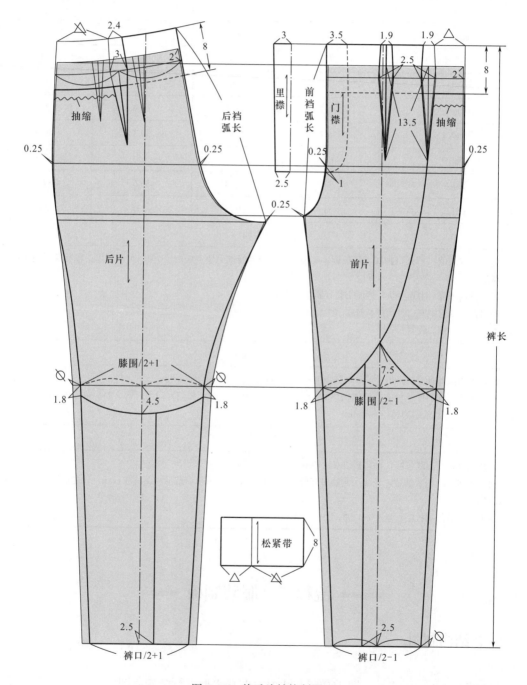

图 5-17　前后片结构制图

再从新腰围线处量取裤长，横裆以下按膝围和裤口尺寸绘制裤腿。

（2）前后腰省处理：前片两个腰省保留做橄榄省，侧边橄榄省上部分因侧腰头分割接松紧带，只余下部分锥形省连到弧形分割线处，后片在腰口中间做一个橄榄省，余下的省量在侧缝处做抽缩处理，后腰橄榄省上部分因侧腰头分割接松紧带，也只余下部分锥形省。

（3）腰头与腰头贴边绘制：腰头是将针织女裤基本型腰头平移至新腰围线位置，前后中连腰头，腰头贴边在此基础上绘制，部分橄榄省不能拼接要保留，前中一边做门襟，前腰头贴边要区分左右，如图 5-17 所示。

（4）前后弧形分割线绘制：前片弧形分割线交叉于膝围线上，后片弧形分割线设置在膝围线下，前后弧线要拼合圆顺。

（5）门里襟绘制：门襟在前裤片上绘制，里襟按门襟的长度绘制，宽度上宽下窄。

二、样板制作

（一）复制样片

想一想：样片有哪些，一共有几片？

（1）前身：前侧上、前侧下、前中上、前中下。

（2）后身：后侧下、后中下、后上片。

（3）零部件：前左腰贴边、前右腰贴边、后腰贴边、门襟、里襟、松紧带。

共有 13 片。

（二）检查样片

想一想：需要检查的部位有哪些？

（1）长度检查：主要检查前、后片外侧缝线；前、后片内侧缝线等，如图 5-18 所示。

（2）拼合检查：主要检查前、后窿门；前、后弧形分割线；前、后片裤口拼合等，如图 5-18 所示。

（三）制作净样板

前、后片和零部件面料净样板制作，如图 5-19 所示，将检验后的样片进行复制，作为连腰花苞小脚裤的净样板。

（四）制作毛样板

前、后片和零部件面料毛样板制作，如图 5-20 所示，在连腰花苞小脚裤的净样板上如图 5-20 所示各缝边的缝份进行加放。

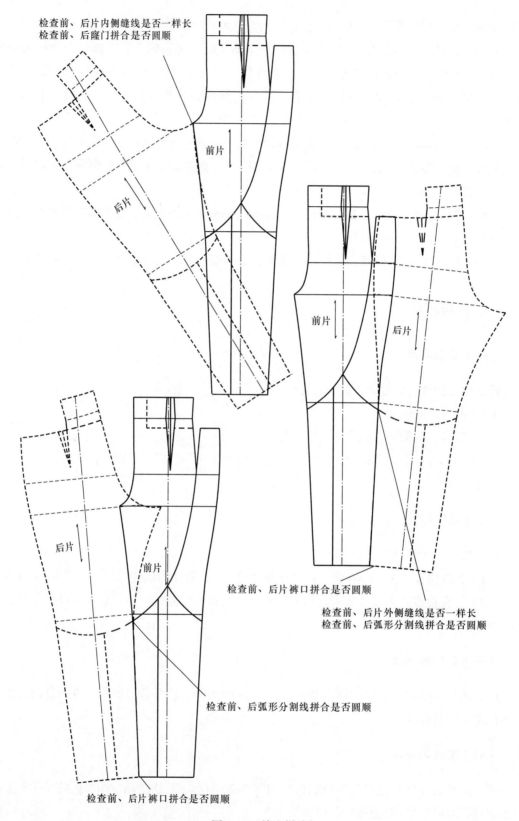

检查前、后片内侧缝线是否一样长
检查前、后窿门拼合是否圆顺

前片

后片

前片

后片

检查前、后片裤口拼合是否圆顺

检查前、后片外侧缝线是否一样长
检查前、后弧形分割线拼合是否圆顺

后片

前片

检查前、后弧形分割线拼合是否圆顺

检查前、后片裤口拼合是否圆顺

图 5-18　检查样片

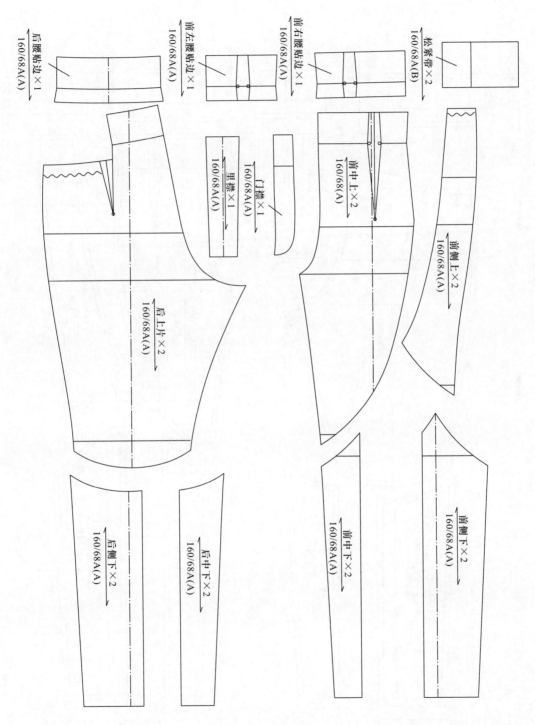

图 5-19 净样板制作

重点提示：门里襟左右缝份、前后腰贴边一侧缝份为 0.8cm，比前后裤片缝份小，缝合后可里外匀。

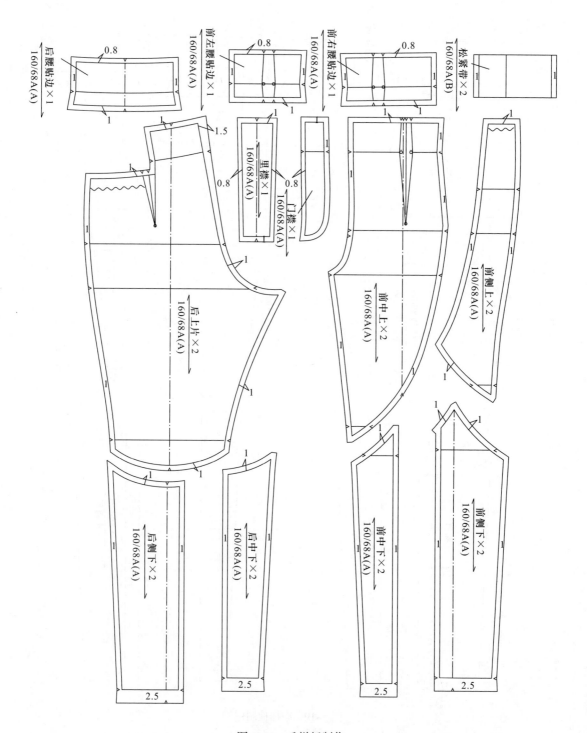

图 5-20　毛样板制作

流程三　样板检验

连腰花苞小脚裤款式样衣容易出现的弊病主要在膝盖附近前后弧形分割线的拼缝，因为该处弧形分割线多为斜纱容易拉伸变形，使用牵条时又不能影响膝盖的活动，所以牵条只能用在弧度较大的前片，后片弧度较小不使用牵条。如果分割线因弧度太大拼缝时褶皱不平服，可适当调小弧度，如图 5-21 所示，其他常见弊病和样板修正方法参照本模块项目一，样板修正以后要对样板再进行复核，包括长度检查、拼合检查，加放即将投产原材料的回缩量。

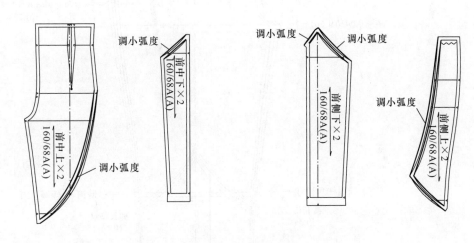

图 5-21　样板检验

流程四　样板缩放

一、前片和门里襟基础样板缩放

前片和门里襟基础样板各放码点计算公式和数值，如图 5-22 所示（括号内为放码点数值）。

重点提示：前、后裤片分割片较多，先整体缩放再取片，以裤子烫迹线和横裆线的交点为坐标原点，膝围线和裤口线按 1/4 的比例对称缩放，而腰围、臀围和横裆两边按不同比例缩放，注意两边比值的分配，腰省按所在的腰围位置比例进行缩放，前后片缩放完以后要检查前、后裆弧线长与尺寸规格表中的前、后裆弧长是否一致，如果不一致，可适当调整直裆放码量。

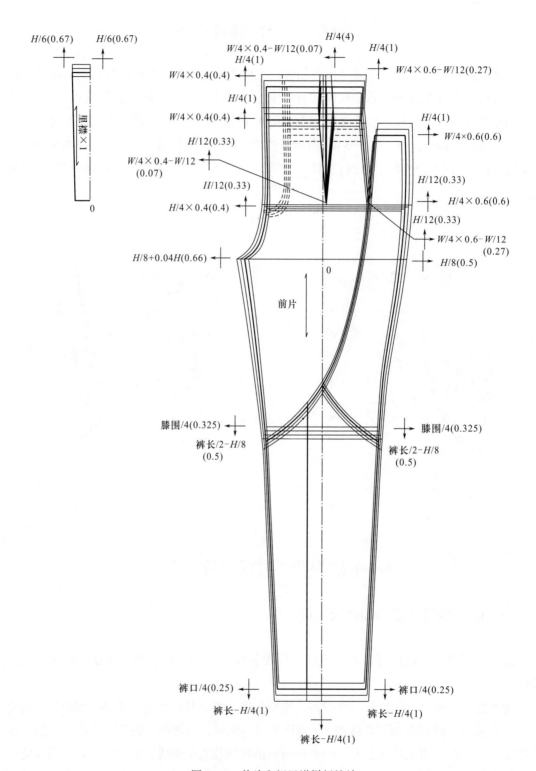

图 5-22　前片和门里襟样板缩放

二、后片及松紧带基础样板缩放

后片及松紧带基础样板各放码点计算公式和数值，如图 5-23 所示（括号内为放码点数值）。

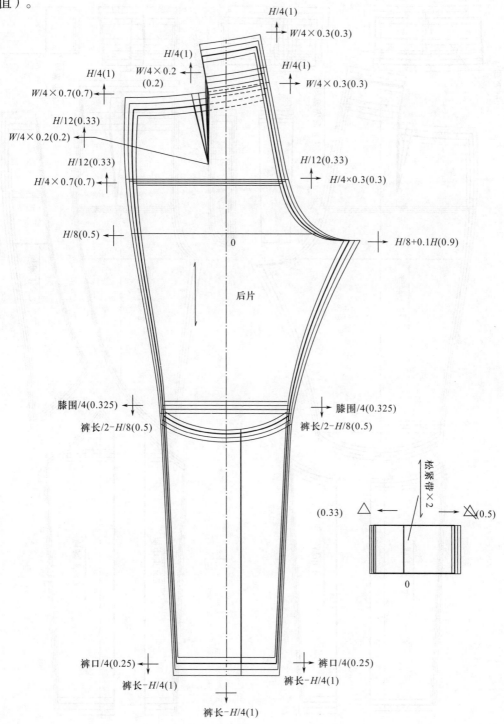

图 5-23　后片及松紧带样板缩放

三、前后片系列样板

各分割片取出后，前、后片系列样板如图 5-24 所示。

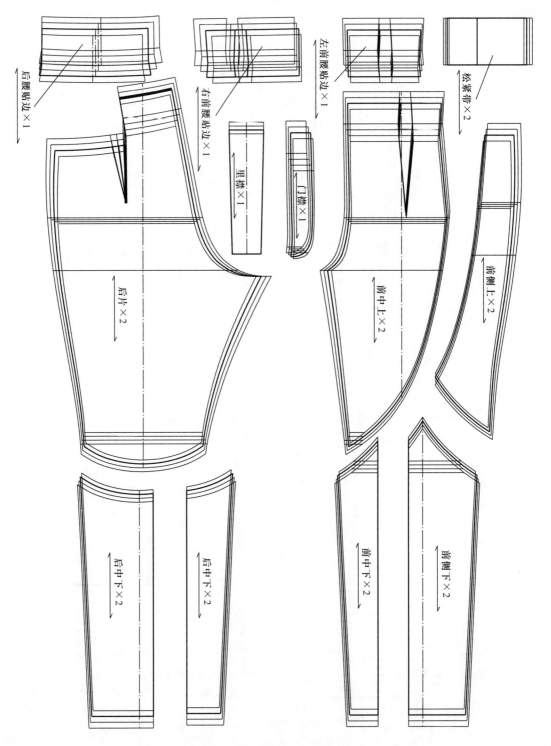

图 5-24　前后片系列样板

项目四　立体压褶口袋七分裤

━━ 流程一　服装分析 ━━

试一试：请认真观察表5-7所示的效果图，从以下几个方面对立体压褶口袋七分裤进行分析。

一、款式图分析（样衣分析）

（一）款式分析

1. 整体款式特点
2. 腰头特点
3. 开口特点
4. 口袋特点

（二）材料分析

1. 面料分析
2. 辅料分析

（三）工艺分析

1. 整体工艺处理方式
2. 腰头工艺处理方式
3. 开口工艺处理方式
4. 口袋工艺处理方式

二、尺寸规格设计

试一试：请自己先对该款式设计尺寸规格表，然后对照表5-8的尺寸规格表，分析主要部位尺寸设置的特点。

该款式为七分裤，裤口尺寸要在膝盖与小腿之间量取，面料有弹性，腰围尺寸要减量。中间板采用M号，即160/68A的尺寸规格。

拓展知识：育克线属横向分割，育克分割线如果经过腰省，要进行腰省合并转移，使育克更服帖人体。

表5-7　立体压褶口袋七分裤产品设计订单（一）

编号	ZZ-504	品名		立体压褶口袋七分裤		季节	夏季

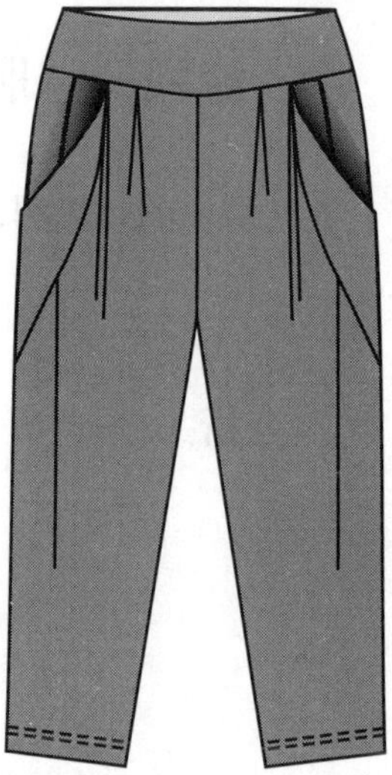

正视图

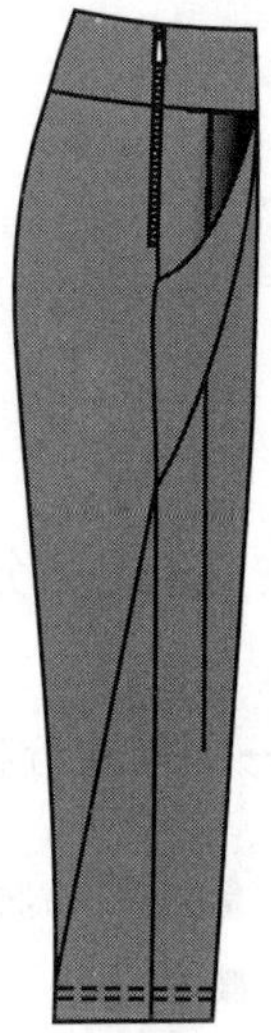

侧视图

效果图

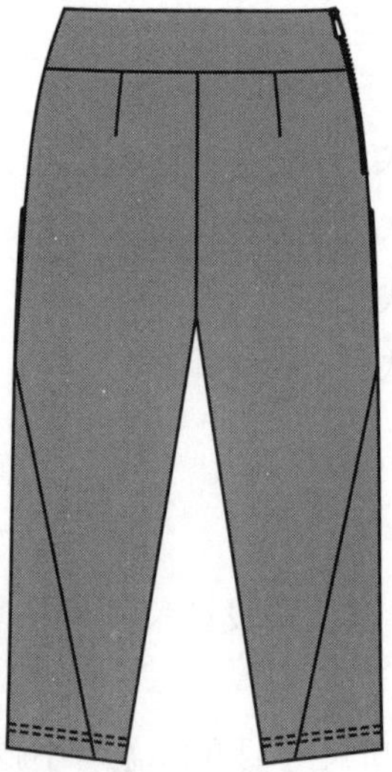

背视图

面料

表5-8 立体压褶口袋七分裤产品设计订单（二）

编号	ZZ-504	品名	立体压褶口袋七分裤		季节	夏季
尺寸规格表（单位：cm）						
部位 ＼ 号型		S	M		L	XL
裤长		72	73.5		75	76.5
腰围		60	64		68	72
臀围		92	96		100	104
前裆弧长		25.4	26.5		27.6	28.7
后裆弧长		35	36.3		37.6	38.9
大腿围		59	61.6		64.2	66.8
膝围		39	40.2		41.4	42.6
裤口		31.8	33		34.2	35.4
款式说明						

1. 整体款式特点：裤长至膝盖下，属七分中裤，整体呈锥形，前裤片V形育克分割，左右各收两个褶裥，侧口袋断开收省线至膝围线处，后片弧形育克分割，左右各收一个省道，自前袋褶下分割至后中裤口处
2. 腰头特点：无腰头，腰口线呈弧形
3. 开口特点：右侧开口装明拉链
4. 口袋特点：前片压褶斜插立体袋

材料说明

1. 面料说明：裤身主要采用中等厚度针织面料，纬向有弹性，经向无弹性，袋布用面料制作
2. 辅料说明：前后育克和前后腰贴边使用针织黏合衬，育克与裤片合缝处采用直纱牵条，侧边装金属装饰性拉链

工艺说明

1. 裤片侧缝采用五线包缝，裤口折边双针链缝
2. 腰口略拉伸装弧形贴边，贴边坐缉缝0.1～0.15cm宽明线
3. 右侧边开口，后片装拉链的侧缝处要挖掉拉链宽度量，前后片右侧缝分别开口，在反面缝合拉链
4. 前口袋烫压褶形成立体袋口，做斜插袋

■■■■ 流程二 服装制板 ■■■■

一、结构制图

试一试：请采用M号，即160/68A针织女裤基本型进行结构制图。

注意先绘制前片，再绘制后片，前后片及前后腰育克结构制图如图5-25所示。

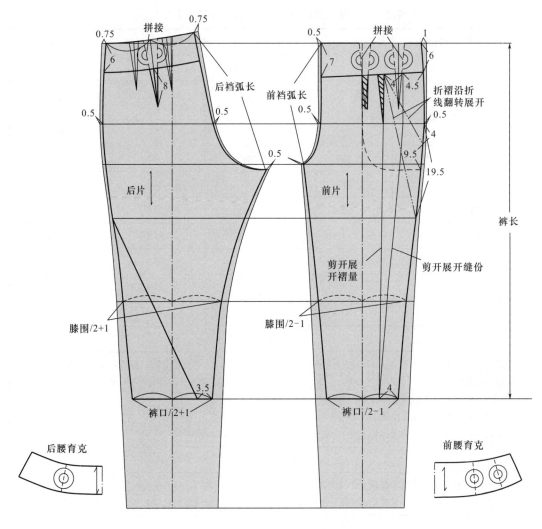

图 5-25　前后片及前后育克结构制图

制图关键：

（1）在针织女裤基本型上进行立体压褶口袋七分裤廓型处理：该款式横裆以上外轮廓根据臀围尺寸，在基本型的基础上整体向内收 0.5cm，调整后的前后总横裆量如果与大腿围不一致，要适当调整前后小横裆，然后根据前裆弧长和后裆弧长尺寸设置前后腰围线位置，再从新腰围线处量取裤长，横裆以下按膝围和裤口尺寸绘制裤腿。

（2）前腰省处理：前腰省被育克分割的部分进行拼接转移，如图 5-25 所示，育克下的部分做褶裥。

（3）后腰省处理：后腰省被育克分割的部分进行拼接转移，如图 5-25 所示，育克下的两省合成一个省，设置在后片腰口中间位置。

（4）口袋绘制：口袋在前裤片上绘制以后，先将袋侧布取出，口袋沿折褶线对称翻转展开，然后展开侧省缝边量 2cm，如图 5-26（a）所示，再剪开展开侧边褶量，将袋前布分割出来，如图 5-26（b）所示，最后调整褶和省道线，如图 5-26（c）所示。

（5）腰贴边绘制：前、后腰贴边与前、后腰育克一样。

想一想：袋前布为什么要分割出来，不与前片连在一起？

因为袋前布如果与前片连在一起，前片宽度太大，不利于排料，分割出来还可以使用其他材料制作，能节约用料。

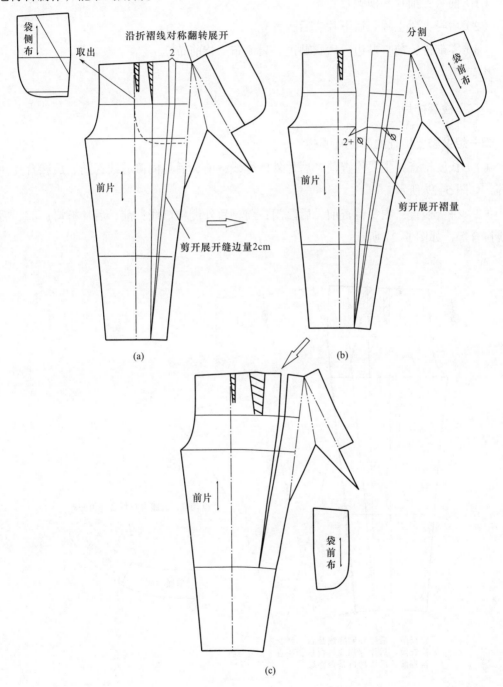

图 5-26　口袋绘制

二、样板制作

（一）复制样片

想一想：样片有哪些，一共有几片？

（1）前身：前片、前腰育克。

（2）后身：后上片、后下片、后腰育克。

（3）零部件：前腰贴边、后腰贴边、袋侧布、袋前布。

共有9片。

（二）检查样片

想一想：需要检查的部位有哪些？

（1）长度检查：主要检查前、后片外侧缝线；前、后片内侧缝线；前、后腰育克侧缝线等，如图5-27所示。

（2）拼合检查：主要检查前、后窿门；前、后外侧腰口线；前、后片裤口；前、后分割线拼合等，如图5-27所示。

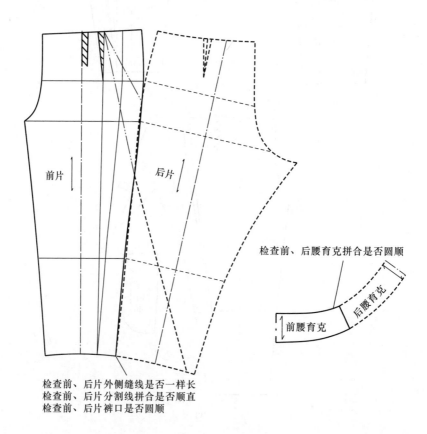

图 5-27　检查样片

（三）制作净样板

前、后片和零部件面料净样板制作，如图5-28所示，将检验后的样片进行复制，作为立体压褶口袋七分裤的净样板。

想一想：袋前布为什么要从前裤片上分割出来，而不与前裤片连在一起裁？

袋前布分割出来裁剪，可节省用料，还可使用其他较薄的面料裁剪，减少口袋处的厚度。

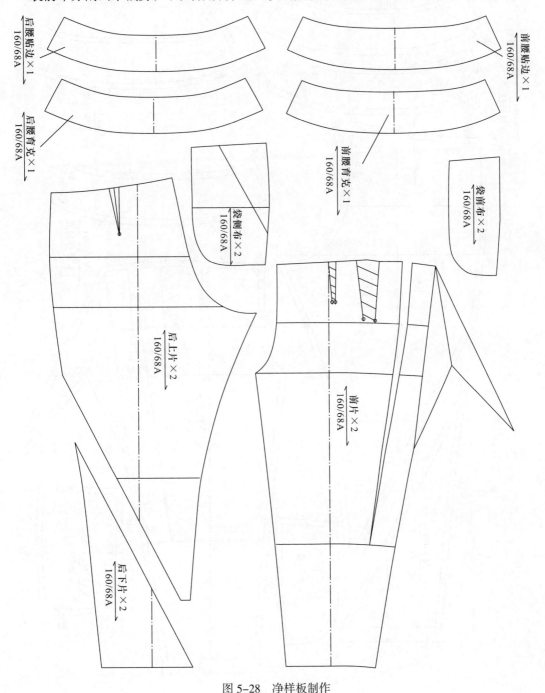

图5-28 净样板制作

（四）制作毛样板

前、后片和零部件面料毛样板制作，如图 5-29 所示，在立体压褶口袋七分裤的净样板上按图 5-29 所示各缝边的缝份进行加放。

重点提示：后上片外侧缝开挖拉链的量可做为缝份量，所以装拉链的位置不加缝份。

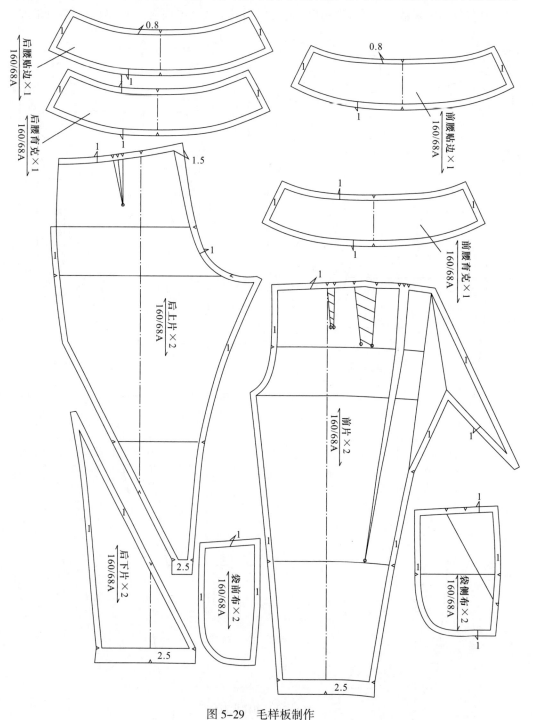

图 5-29 毛样板制作

流程三　样板检验

立体压褶口袋七分裤款式样衣常见弊病和样板修正方法可参照本模块项目一，其他部位常见弊病和样板修正方法有以下内容。

一、前后中线处的腰口起空

前后中线处的腰口会起空，原因是腹臀到腰是有起伏的，而前后育克中心线为直纱，不易帖服人体，调整方法可从前后中心线适当劈进，再连裁，或将前后中起空量适当缩缝。

二、腰口起涌

在腰口周围出现横波纹的现象，原因是前后腰省合并转移以后，腰口弧线修顺时，凹势和侧缝翘势被修小了，调整方法是将凹势修明显，保持侧缝翘势。

样板修正以后要对样板再进行复核，包括长度检查、拼合检查，加放即将投产原材料的回缩量。

流程四　样板缩放

一、前片、袋前布、袋侧布、前腰育克基础样板缩放

前片、袋前布、袋侧布、前腰育克基础样板各放码点计算公式和数值，如图5-30、图5-31所示（括号内为放码点数值）。

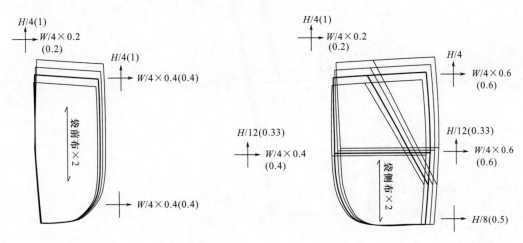

图5-30　袋布样板缩放

重点提示：前后片缩放完以后要检查前、后裆弧线长与尺寸规格表中的前、后裆弧长是否一致，前后总横裆宽与大腿围是否一致，如果不一致，可适当调整直裆和横裆放码量。前、后腰贴边与前、后腰育克缩放一样，可复制获取。

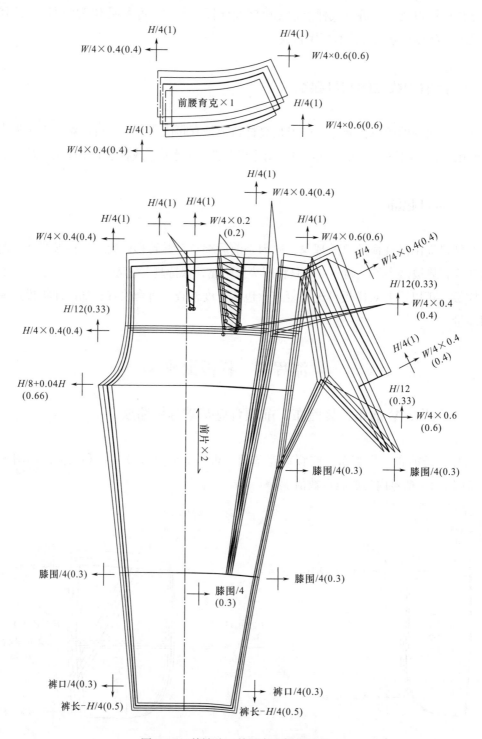

图 5-31　前裤片、前腰育克样板缩放

二、后片与后腰育克基础样板缩放

后片与后腰育克基础样板各放码点计算公式和数值，如图 5-32 所示（括号内为放码点数值）。

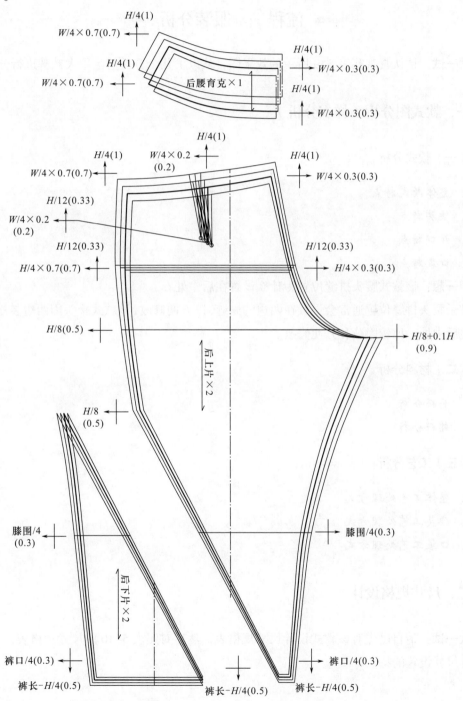

图 5-32 后片与后腰育克样板缩放

项目五　哈伦大裆裤

—— 流程一　服装分析 ——

试一试：请认真观察表 5-9 所示的效果图，从以下几个方面对哈伦大裆裤进行分析。

一、款式图分析（样衣分析）

（一）款式分析

1. 整体款式特点
2. 腰头特点
3. 开口特点
4. 口袋特点

想一想：该款式腰头拼缝位置为什么设置在后中处?

裤子腰头拼缝位置通常会设置在两边的侧缝,以方便修改,该款式腰头因两边装松紧带,设置在后中处，比较隐蔽和方便修改。

（二）材料分析

1. 面料分析
2. 辅料分析

（三）工艺分析

1. 整体工艺处理方式
2. 腰头工艺处理方式
3. 口袋工艺处理方式

二、尺寸规格设计

试一试：请自己先对该款式设计尺寸规格表，然后对照表 5-10 的尺寸规格表，分析主要部位尺寸设置的特点。

表5-9　哈伦大档裤产品设计订单（一）

编号	ZZ-505	品名	哈伦大档裤	季节	秋冬季

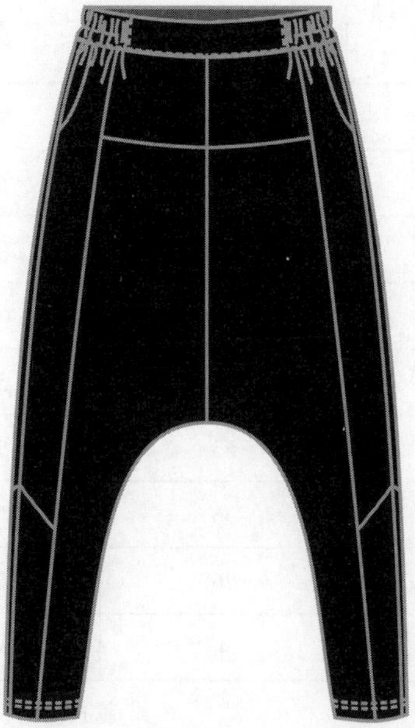

正视图

侧视图

效果图

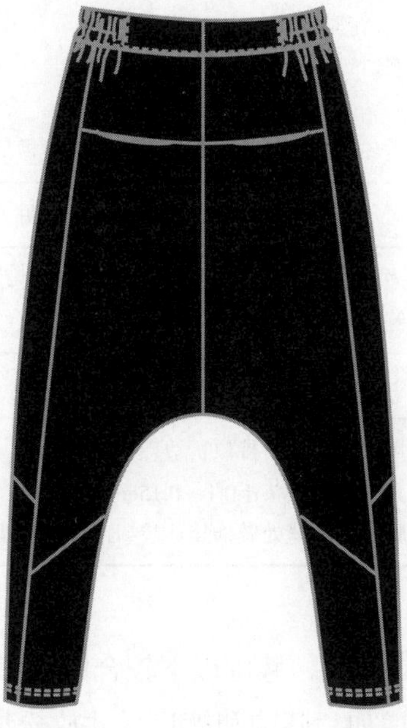

背视图

面料

表5-10 哈伦大裆裤产品设计订单（二）

编号	ZZ-505	品名	哈伦大裆裤		季节	秋冬季
尺寸规格表（单位：cm）						
部位　　　号型		S	M	L		XL
裤长		95	97	99		101
腰围（紧）		63	67	71		75
腰围（拉伸后）		93	97	101		105
臀围		104	108	112		116
前裆弧长		52	53	54		55
后裆弧长		53	54	55		56
膝围		36	37.6	39.2		40.8
裤口		26	27.5	29		30.5
腰头宽		4	4	4		4

款式说明
1. 整体款式特点：裤长至脚踝下，属长裤，整体上宽下紧，前后落裆下垂，前后腰育克和侧边分割，膝盖下前后侧斜线分割，后片内侧斜线分割
2. 腰头特点：中腰装腰头，腰头内两侧装松紧带
3. 开口特点：前后中无开口
4. 裤口特点：裤口收紧
5. 口袋特点：前侧片左右各一个斜插袋，后腰育克断缝处做插袋

材料说明
1. 面料说明：裤身主要采用中等厚度针织面料，纬向有弹性，经向无弹性
2. 辅料说明：腰头内两侧装松紧带，前后口袋开口处使用直纱黏合衬，前后袋布均采用裤身面料

工艺说明
1. 裤子各分割片缝合采用五线包缝，裤口折边双针链缝
2. 腰头两侧用专机装松紧带，装腰头压0.1～0.15cm宽明线
3. 前侧片做斜插袋，后腰育克断缝处做插袋，袋口两边用打枣线加固

该款式膝围以上较宽松，膝围以下较合体，裤口较小，臀围加放 20cm 放松量，落裆下垂，前后裆尺寸相应增加，膝围和裤口尺寸放松量减量，腰头没有开口，两侧装松紧带，拉伸以后的尺寸要大于净臀围尺寸，以满足穿脱需求。中间板采用 M 号，即 160/68A 的尺寸规格。

想一想：该款式前后裆弧长尺寸为什么相差比较小？

因为裤子宽松，裆部低垂，前后裆下落量和横开量一样，腰头半装松紧带没有开口，后裆起翘量降低，所以整个前后裆弧线长度接近，尺寸相差较小。

拓展知识：一般宽松休闲裤子，腰头为松紧套口式，前后裆弧长尺寸可设置相近或一样。

━━ 流程二　服装制板 ━━

一、结构制图

试一试：请采用 M 号，即 160/68A 针织女裤基本型进行结构制图。

注意先绘制前片，再绘制后片。

（一）前片结构制图（图 5-33）

制图关键：

（1）落裆垂褶量处理：采用针织女裤基本型的前裤片，以前中线与腰口线交点为圆心，旋转前裤片，旋转后的前中线与原前中线之间的距离就是展开的褶量，展开量越大，褶量越多，前后横裆越宽，下降越多，垂褶效果越明显，该款式旋转量按臀围增加的尺寸展开，前后裆按规格尺寸设置。

（2）在针织女裤基本型上进行哈伦大裆裤廓型处理：旋转后的前裤片外侧缝线从裤口外侧向腰围线拉直，腰围宽采用拉伸后的腰围尺寸计算，腰围线从上平线向上起翘 3cm，腰围起翘点与旋转后的前裤片裤口外侧点直线相连，再向下量前裤片的长度为裤长 – 腰头宽，横裆线从新前中线腰口向下量前裆弧长 – 腰头宽，再按膝围和裤口尺寸画裤腿的轮廓线。

想一想：前片侧缝线为什么要处理成直的？

裤子膝围以上宽松，侧缝线处理为直线，余量容易下垂，不易堆积。

（二）后片结构制图（图 5-34）

制图关键：

后片宽度是在前片的基础上整体外放前后差 1cm，后裆起翘 1cm，如图 5-34 所示。

（三）腰头结构制图（图 5-35）

制图关键：

腰头拼缝位置在后中，要将前后装松紧带和前中的位置线分别绘制出来，以方便定位缝制。

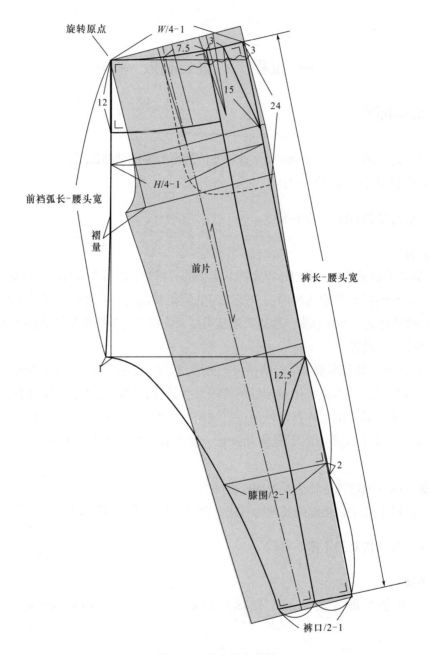

旋转原点

W/4-1

7.5

3

3

15

12

24

前裆弧长-腰头宽

H/4-1

褶量

前片

裤长-腰头宽

12.5

2

膝围/2-1

裤口/2-1

图 5-33　前片结构制图

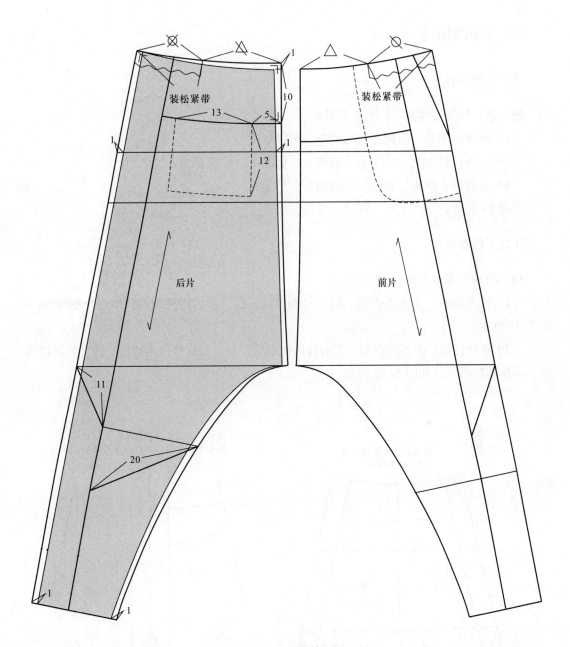

图 5-34 后片结构制图

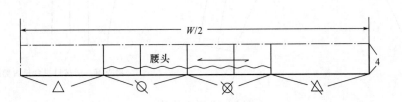

图 5-35 腰头结构制图

二、样板制作

（一）复制样片

想一想：样片有哪些，一共有几片？

（1）前身：前片、前侧上、前侧下、前腰育克。

（2）后身：后中上、后中下、后侧上、后侧下、后腰育克。

（3）零部件：腰头、袋前布、袋侧布、后袋布。

共有 13 片。

（二）检查样片

想一想：需要检查的部位有哪些？

（1）长度检查：主要检查前、后片外侧缝线；前、后片内侧缝线；侧边分割线等，如图 5-36 所示。

（2）拼合检查：主要检查左、右前片内侧缝线；左、右后片内侧缝线、前、后腰口线；前、后片裤口线等，如图 5-36 所示。

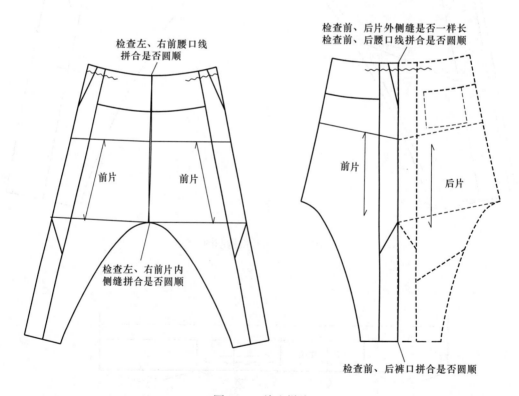

图 5-36　检查样片

（三）制作净样板

前、后片和零部件面料净样板制作，如图5-37所示，将检验后的样片进行复制，作为哈伦大裆裤的净样板。

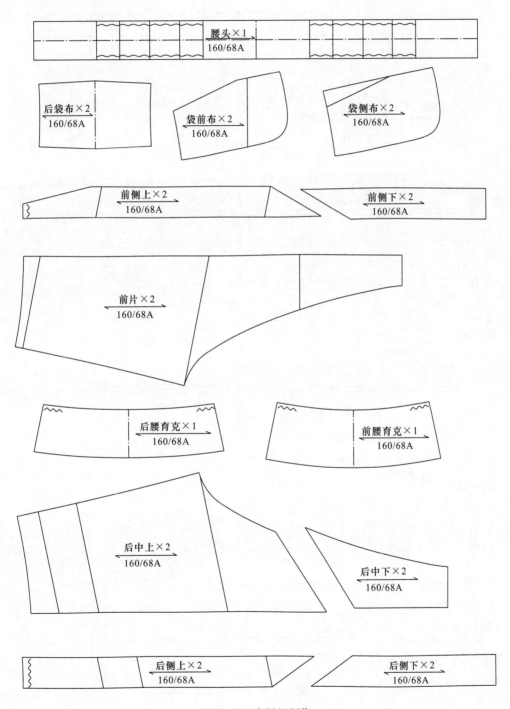

图5-37　净样板制作

（四）制作毛样板

前、后片和零部件面料毛样板制作，如图 5-38 所示，在哈伦大裆裤的净样板上如图 5-38 所示各缝边的缝份进行加放。

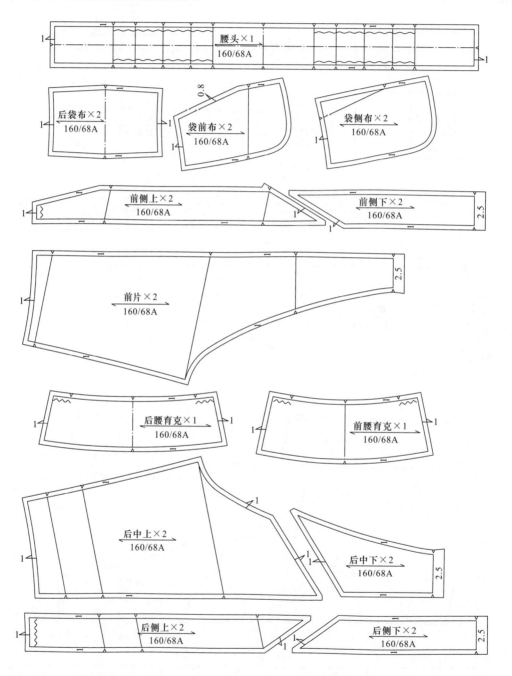

图 5-38　毛样板制作

重点提示：袋前布袋口缝份为 0.8cm，比前侧上缝份小，缝合后可里外匀。

流程三　样板检验

哈伦大裆裤款式样衣主要检查裆部垂褶效果和穿着后舒适度测试结果，如果裆部垂褶量太多，会增加两腿之间的摩擦，影响活动，可从前后裆收进横裆量，减掉褶量，如图 5-39 所示。样板修正以后要对样板再进行复核，包括长度检查、拼合检查，加放即将投产原材料的回缩量。

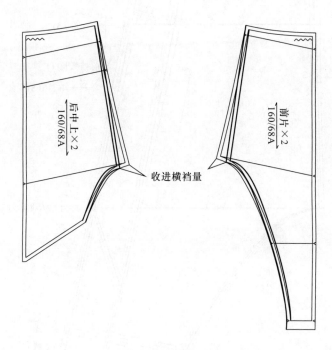

图 5-39　样板检验

流程四　样板缩放

一、前片和腰头基础样板缩放

前片和腰头基础样板各放码点计算公式和数值，如图 5-40 所示（括号内为放码点数值）。

重点提示：前后片整体进行缩放以后再取内部分割片。

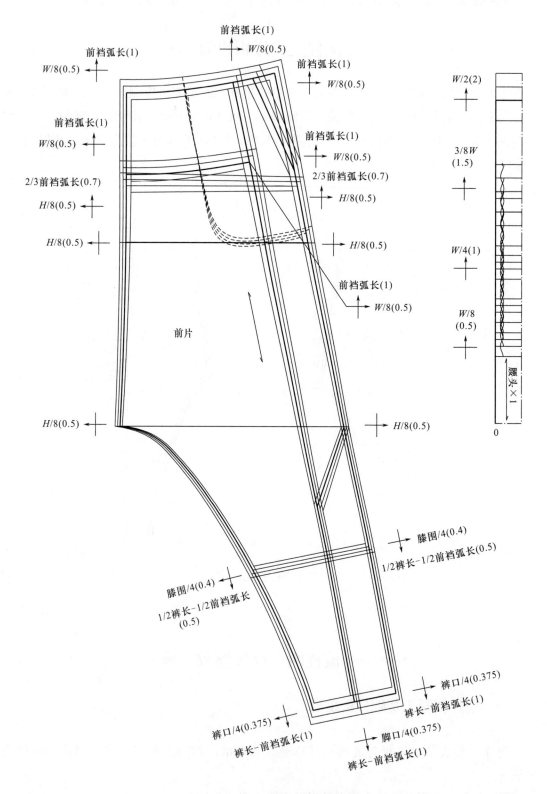

图 5-40　前片和腰头样板缩放

二、后片基础样板缩放

后片基础样板各放码点计算公式和数值，如图 5-41 所示（括号内为放码点数值）。

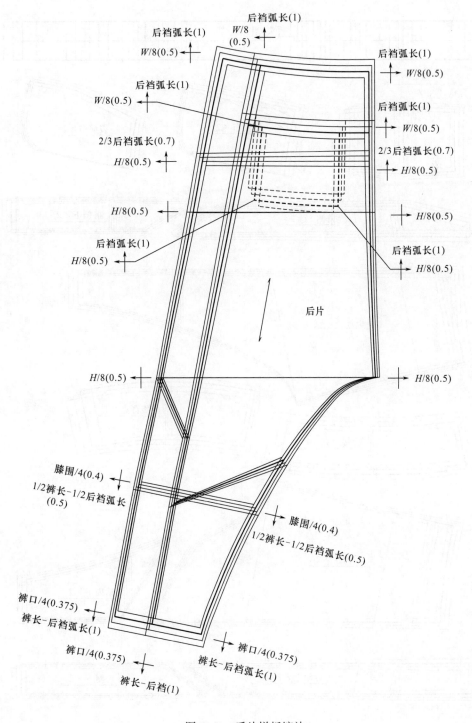

图 5-41　后片样板缩放

三、前后片系列样板

前、后片各分割片取出后的系列样板，如图 5-42 所示。

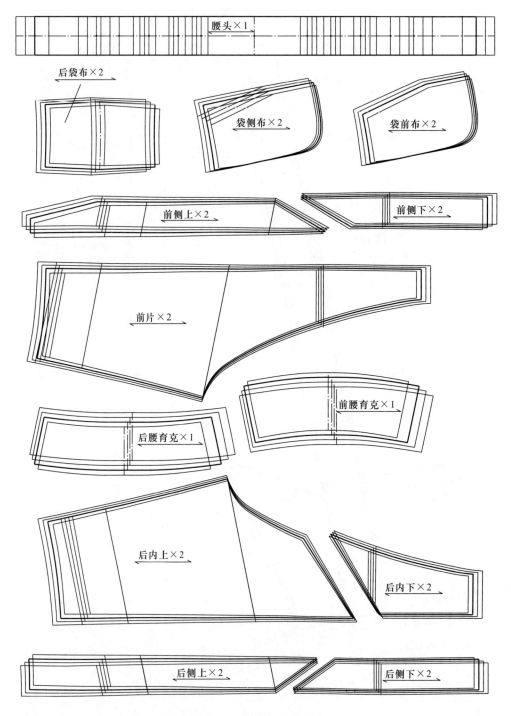

图 5-42　前后片系列样板

模块六　针织女上衣制板

学习目标

1．认识针织女上衣常见品种和结构特点。

2．掌握常规款式针织女上衣的制板方法和流程。

3．掌握针织女上衣样板号型规格设置与放码规律。

学习重点

1．在针织女上装基本型上变化各种造型针织女上衣的板样处理方法。

2．针织女上衣不同领型和袖型的制图方法。

3．针织女上衣样板放码规律。

项目一　经典 V 领卷边短袖 T 恤

流程一　服装分析

试一试：请认真观察表 6-1 所示的效果图，从以下几个方面对经典 V 领卷边短袖 T 恤进行分析。

一、款式图分析（样衣分析）

（一）款式分析

1．整体款式特点

2．领子特点

3．袖子特点

（二）材料分析

1．面料分析

2．辅料分析

拓展知识：与针织面料衣片包缝的直纱牵条为无胶粒牵条，常为棉或涤棉材质。

表6-1　经典V领卷边短袖T恤产品设计订单（一）

编号	ZZ-601	品名	经典V领卷边短袖T恤	季节	夏季

正视图

背视图

面料

效果图

想一想：前后肩、部分侧缝为什么要包缝直纱牵条？

平纹类针织面料容易拉伸变形，为使有些部位保持尺寸稳定性，在制作时，要包缝直纱牵条，如肩缝、侧缝等。

拓展知识：纬平针织，也称平纹针织，在自由状态下边缘会产生包卷现象，称为卷边性，因为边缘不易毛边，可不包缝，形成自然卷边的装饰性效果。

（三）工艺分析

1．整体工艺处理方式

2．领口、袖口工艺处理方式

二、尺寸规格设计

想一想：针织上衣一般主要设置哪些部位尺寸？

衣长、肩宽、胸围、腰围、摆围、袖肥（夹肥）、袖长、袖口、领宽、领深、领围等。

试一试：请自己先对该款式设计尺寸规格表，然后对照表6-2的尺寸规格表，分析主要部位尺寸设置的特点。

表6-2　经典V领卷边短袖T恤产品设计订单（二）

编号	ZZ-601	品名	经典V领卷边短袖T恤		季节	夏季
尺寸规格表（单位：cm）						
部位 ＼ 号型		S	M		L	XL
后中长		52.5	54		55.5	57
肩宽		35	36		37	38
胸围		82	86		90	94
腰围		73	77		81	85
摆围		84	88		92	96
袖长		11.5	12		12.5	13
袖肥		27.5	29		30.5	32
袖口		26	27.5		29	30.5
领宽		21.5	22		22	22.5
前领深		15.3	15.5		15.5	15.7

续表

款式说明
1. 整体款式特点：较修身合体，长度到臀围线处
2. 领子特点：V形领口领，领口接卷边口
3. 袖子特点：一片式短袖，袖口接卷边口
材料说明
1. 面料说明：衣身采用黄色平纹针织面料，经纬向均有较大弹性，领口和袖口拼缝同色面料的卷边
2. 辅料说明：前后肩、部分侧缝包缝直纱牵条
工艺说明
1. 侧缝、袖窿采用五线包缝，下摆折边双针链缝
2. 领口和袖口卷边采用单针链缝

该款式较合身，且面料经纬向弹性较大，所以长度、围度尺寸均要减量，短袖袖长档差较小，为 0.5cm，如果袖子是长袖，档差要相应增大。领子是套头式的，要注意领宽、领深设置以后的领口围周长不能少于 60cm，否则穿脱困难。中间板采用 M 号，即 160/84A 的尺寸规格。

━━━ **流程二　服装制板** ━━━

一、结构制图

试一试：请采用 M 号，即 160/84A 针织女上装基本型基础数据和订单的尺寸规格进行结构制图。

注意先绘制后片，再在后片基础上绘制前片（灰色部分为后片）。

（一）前后片结构制图（图 6-1）

制图关键：

（1）按针织女上装基本型基础数据确定前后片基础线：按针织女上装基本型前后领宽、前后肩斜度基础数据确定前后片基础线，然后在此基础上设置长度线和宽度线，绘制后片。

（2）前片绘制：前片是在后片的基础上绘制的，前后侧缝线一样，前袖窿比后袖窿向内收 0.5cm，前中下摆比后中下摆低落 1cm。

想一想：为什么前中下摆要比后中下摆低落 1cm？

一般修身款式针织衫不设置胸省的话，为了满足前面胸部的抬高量，前中下摆要低落 1cm，面料相同的情况下，胸部越丰满，低落量越大，反之越小，除此之外，这个量还跟面

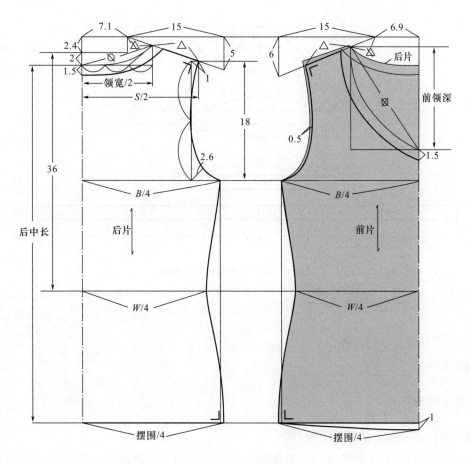

图6-1 前后片结构制图

料经纬向弹性有关，面料弹性越大，低落量越小甚至为零。

想一想：为什么前袖窿要比后袖窿内凹一点？

因为会更符合人体臂根部截面形状，也利于人体上半身主要趋前地运动。

（二）袖子及零部件结构制图（图6-2）

二、样板制作

（一）复制样片

想一想：样片有哪些，一共有几片？

（1）前身：前片。

（2）后身：后片。

（3）袖子：袖片。

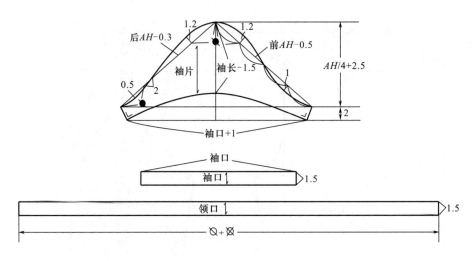

图 6-2　袖子及零部件结构制图

（4）零部件：领口、袖口。

共有 5 片。

（二）检查样片

想一想：需要检查的部位有哪些？

（1）长度检查：主要检查前、后侧缝；前、后小肩长；前袖窿与前袖山；后袖窿与后袖山；领口与前、后领圈；前、后袖缝等，如图 6-3 所示。

（2）拼合检查：主要检查前、后领圈；前、后袖窿；前、后袖窿底；前、后底边；前、后袖口；前袖窿底与前袖山底；后袖窿底与后袖山底等，如图 6-3 所示。

（三）制作净样板

前、后片和零部件面料净样板制作，如图 6-4 所示，将检验后的样片进行复制，作为经典 V 领卷边短袖 T 恤的净样板。

重点提示：面料经向有卷边性，所以袖口、领口采用直纱方向。

（四）制作毛样板

前、后片和零部件面料毛样板制作，如图 6-5 所示，在经典 V 领卷边短袖 T 恤的净样板上按图 6-5 所示各缝边的缝份进行加放。

重点提示：领口和袖口一边不加放缝份。

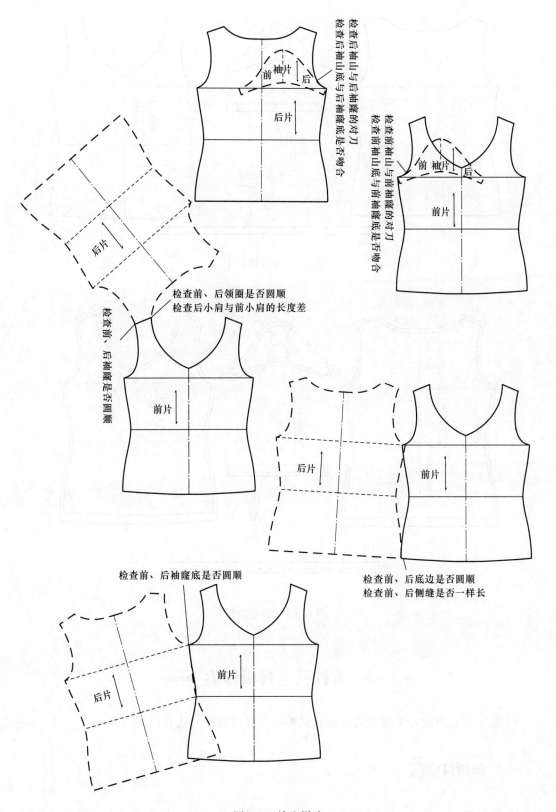

图6-3　检查样片

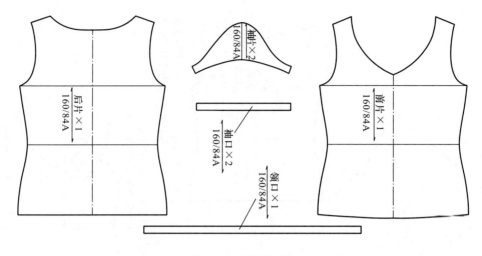

图 6-4　净样板制作

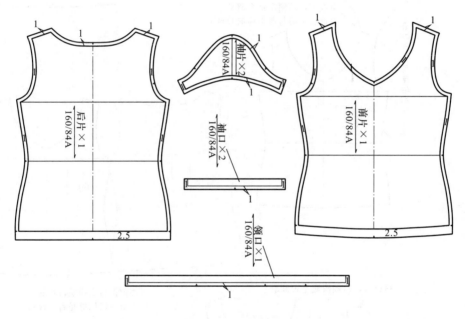

图 6-5　毛样板制作

流程三　样板检验

经典 V 领卷边短袖 T 恤款式样衣常见弊病和样板修正方法有以下内容。

一、前领口空荡

前领口起空、荡开，出现不贴身体的多余皱纹，原因是前胸造型要有撇胸量，前领口中线没有开口无法设置撇胸，调整方法是减小前横开领，如图6-6（a）所示，使前横开领比后横开领小，缝合肩线后前领口余量会转移到肩。

二、后领口起涌

后领口周围出现横波纹的现象，原因是后领深太浅，后总肩宽太窄，后肩斜度太大。调整方法是增加后领深、后总肩宽，后肩斜度改小。

三、侧缝腰节处绷紧起皱

侧缝腰节处形成横向的褶皱，原因是腰节侧缝线不符合体型需要，调整方法是将腰节处侧缝线修弧，加牵条防止拉长。

四、袖山不圆顺起泡状褶

袖山不圆顺，起泡状褶，原因是袖山吃势过大，调整方法是加深袖窿深，减小袖山弧度。

五、袖口不平服

袖缝线与袖口线的交点出现凹角，产生不平服现象，原因是袖口线与袖缝线相交的角度没有形成直角，调整方法是将袖口线与袖缝线相交的角度调成直角，使前后袖口能拼合圆顺，如图6-6（b）所示。

样板修正以后要对样板再进行复核，包括长度检查、拼合检查，加放即将投产原材料的回缩量。

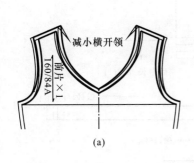
(a)

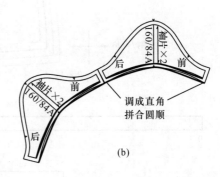
(b)

图6-6 样板检验

流程四 样板缩放

一、前片、领口及袖口基础样板缩放

前片、领口及袖口基础样板各放码点计算公式和数值，如图6-7所示（括号内为放码点数值）。

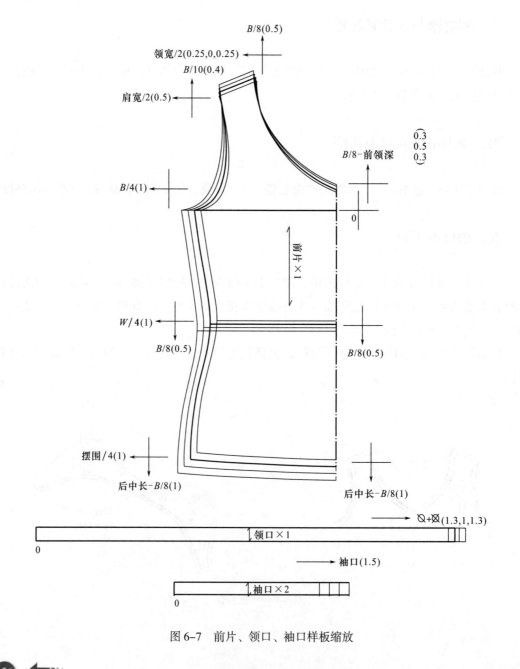

图6-7 前片、领口、袖口样板缩放

重点提示：前后片分别以前中线和前袖窿深线的交点、后中线和后袖窿深线的交点为坐标原点，胸围、腰围、摆围按 1/4 的比例缩放，肩宽、领宽按 1/2 的比例缩放。

二、后片及袖片基础样板缩放

后片及袖片基础样板各放码点计算公式和数值，如图 6-8 所示（括号内为放码点数值）。

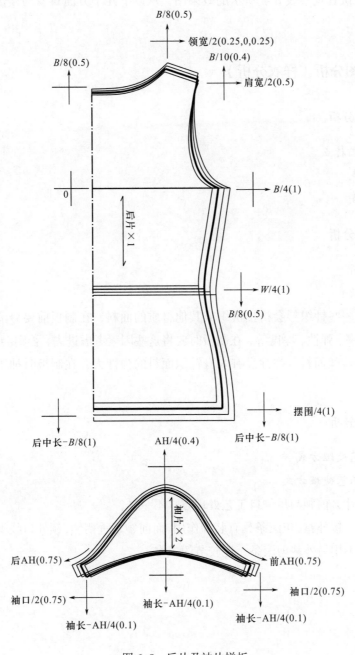

图 6-8　后片及袖片样板

项目二　罗马领蕾丝短袖 T 恤

━━━ 流程一　服装分析 ━━━

试一试：请认真观察表 6-3 所示的效果图，从以下几个方面对罗马领蕾丝短袖 T 恤进行分析。

一、款式图分析（样衣分析）

（一）款式分析

1. 整体款式特点
2. 领子特点
3. 袖子特点

（二）材料分析

1. 面料分析
2. 辅料分析

拓展知识：一些针织衫会拼接机织或其他材质的面料，在制板前要分清拼接部位材质的特点，如缩水率、弹性、厚度等，在制板时要将这些因素考虑进去，否则会影响成品效果。本款式袖子采用蕾丝面料，弹性没有衣身针织面料的弹性大，在制板时袖子不能按针织面料的尺寸制作。

（三）工艺分析

1. 前领工艺处理方式
2. 后领口工艺处理方式

想一想：为什么前领与后领口工艺处理方式不一样？

因为后领口直接外露，包滚条具有装饰作用，而前领是垂褶领，领外口线下垂，藏在褶内，直接用卷边缝，不用另外裁剪滚条，比较节约成本。

表6-3　罗马领蕾丝短袖T恤产品设计订单（一）

编号	ZZ-602	品名	罗马领蕾丝短袖T恤	季节	夏季

正视图

背视图

面料A

面料B

效果图

二、尺寸规格设计

试一试：请自己先对该款式设计尺寸规格表，然后对照表6-4的尺寸规格表，分析主要部位尺寸设置的特点，注意与本模块项目一进行比较。

该款式衣长和胸围与本模块项目一基本一样，该款式较紧身，肩宽、腰围和摆围尺寸要比项目一小，袖子较长，而且采用蕾丝面料弹性较小，所以袖长、袖口和袖肥尺寸都比项目一大，后领一字领口，领宽加放尺寸较大，后领深也相应加大。中间板采用M号，即160/84A的尺寸规格。

表6-4　罗马领蕾丝短袖T恤产品设计订单（二）

编号	ZZ-602	品名	罗马领蕾丝短袖T恤	季节	春夏
尺寸规格表（单位：cm）					
部位 ＼ 号型	S		M	L	XL
后中长	53.5		55	56.5	58
肩宽	34.5		35.5	36.5	37.5
胸围	82		86	90	94
腰围	70		74	78	82
摆围	82		86	90	94
袖长	14.5		15	15.5	16
袖肥	28.5		30	31.5	33
袖口	27		28.5	30	31.5
领宽	22.5		23	23	23.5
后领深	4		4	4	4
款式说明					
1. 整体款式特点：较紧身，长度到臀围线处 2. 领子特点：前面垂褶领，也叫罗马领，后面一字领口领 3. 袖子特点：一片式蕾丝短袖					
材料说明					
1. 面料说明：衣身采用墨绿色平纹针织面料，经纬向均有较大弹性，袖子采用蕾丝面料，略有弹性 2. 辅料说明：前后肩、侧缝包缝直纱牵条					
工艺说明					
1. 侧缝、袖窿采用五线包缝，下摆、袖口折边双针链缝 2. 后领口包滚条，前领卷边缝					

流程二 服装制板

一、结构制图

试一试：请采用 M 号，即 160/84A 针织女上装基本型基础数据和订单的尺寸规格进行结构制图。

注意先绘制后片，再在后片基础上绘制前片。

（一）前后片结构制图（图 6-9）

制图关键：

（1）按针织女上装基本型基础数据确定前后片基础线：按针织女上装基本型前后领宽、前后肩斜度基础数据确定前后片基础线，然后在此基础上设置长度线和宽度线，绘制后片。

（2）前片绘制：前片是在后片的基础上绘制的，前胸高线要在后片的上平线向上抬1~1.5cm，设置侧胸省量2~3cm，前袖窿深相应上抬2~3cm，使前后侧缝等长，前后底摆侧缝处要处理成直角，前后侧缝弧度一样。

（3）垂褶领绘制：前领口到前中处褶线的绘制如图 6-9（a）所示，前片侧胸省合并转移至前中处形成褶量，其他褶分别剪开展开褶量，如图 6-9（b）所示。

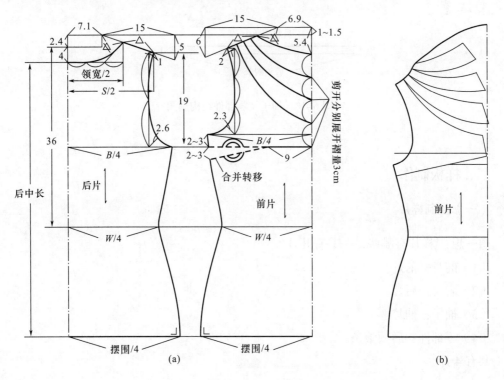

图 6-9 前后片结构制图

想一想：为什么该款式要设置胸省？

一般休闲针织衫面料有弹性，通过面料自身的伸缩性可塑造胸腰部体型，该款式前面垂褶领开口较大，领子松垂，设置胸省可使胸部合体，领子能贴垂在胸部，不易豁开走光。

拓展知识：前胸高量大小与胸省相关，胸部越丰满，胸省越大，前胸高量越大。

（二）袖子及零部件结构制图（图6-10）

制图关键：

前后袖口侧缝处要处理成直角，袖口呈弧线形。

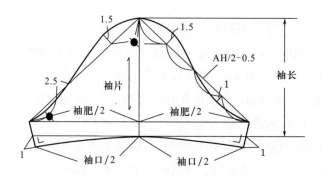

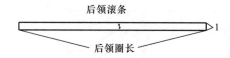

图6-10　袖子及零部件结构制图

二、样板制作

（一）复制样片

想一想：样片有哪些，一共有几片？

（1）前身：前片。

（2）后身：后片。

（3）袖子：袖片。

（4）零部件：后领滚条。

共有4片。

（二）检查样片

想一想：需要检查的部位有哪些？

（1）长度检查：主要检查前、后侧缝，前、后小肩长，前袖窿与前袖山，后袖窿与后袖山，前、后袖缝等，如图6-11所示。

（2）拼合检查：主要检查前、后领圈，前、后袖窿，前、后袖窿底，前、后下摆，前、后袖口，前袖窿底与前袖山底，后袖窿底与后袖山底等，如图6-11所示。

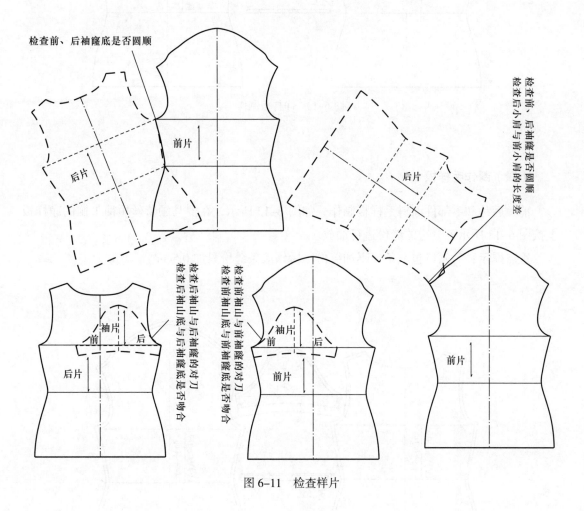

图6-11　检查样片

（三）制作净样板

前、后片和零部件面料净样板制作，如图6-12所示，将检验后的样片进行复制，作为罗马领蕾丝短袖T恤的净样板。

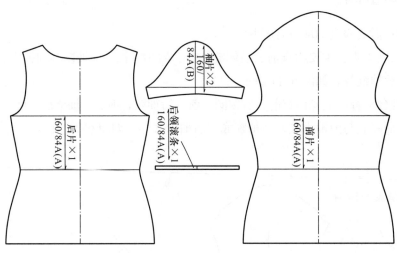

图 6-12　净样板制作

（四）制作毛样板

前、后片和零部件面料毛样板制作，如图 6-13 所示，在罗马领蕾丝短袖 T 恤的净样板上按图 6-13 所示各缝边的缝份进行加放。

重点提示：后领口包滚条，不加缝份，后领滚条缝份只加 0.5cm。

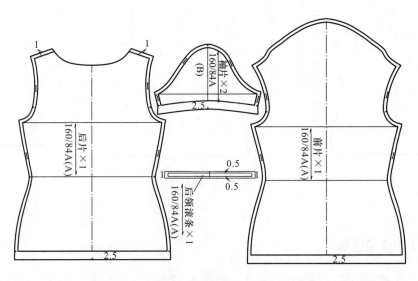

图 6-13　毛样板制作

流程三　样板检验

罗马领蕾丝短袖 T 恤款式样衣常见弊病和样板修正方法参照本模块项目一，样板修正以后要对样板再进行复核，包括长度检查、拼合检查，加放即将投产原材料的回缩量，注意针织面料和蕾丝面料的回缩量是不一样的，对应部位的样板要分别进行处理。

流程四　样板缩放

一、后片基础样板缩放

后片基础样板各放码点计算公式和数值，如图 6-14 所示（括号内为放码点数值）。

重点提示： 前后片分别以前中线和前袖窿深线的交点、后中线和后袖窿深线的交点为坐标原点，胸围、腰围、摆围按 1/4 的比例缩放，肩宽、领宽按 1/2 的比例缩放。

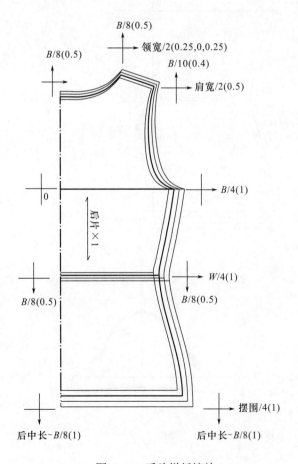

图 6-14　后片样板缩放

二、前片及零部件基础样板缩放

前片及零部件基础样板各放码点计算公式和数值，如图 6-15 所示（括号内为放码点数值）。

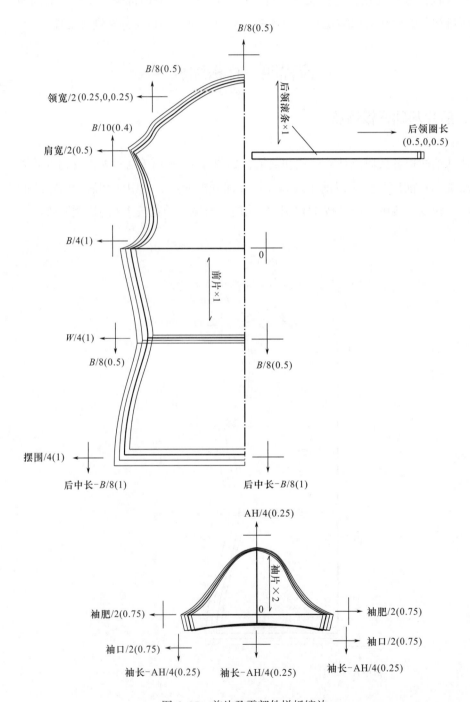

图 6-15　前片及零部件样板缩放

项目三　条纹拼接露肩 T 恤

━━ 流程一　服装分析 ━━

试一试：请认真观察如表 6-5 所示的效果图，从以下几个方面对条纹拼接露肩 T 恤进行分析。

一、款式图分析（样衣分析）

（一）款式分析

1. 整体款式特点
2. 领子特点
3. 袖子特点

（二）材料分析

1. 面料分析
2. 辅料分析

（三）工艺分析

1. 整体工艺处理方式
2. 领口、肩开口工艺处理方式

想一想：领口与肩开口包滚条有什么不同？

前后衣片领口包滚条，在肩开口处因为没有衣片领口，滚条直接压线形成部分吊带领口，与衣片领口滚条一起形成完整的领口，肩开口处只将前后袖 U 形开口包滚条。

二、尺寸规格设计

试一试：请自己先对该款式设计尺寸规格表，然后对照表 6-6 的尺寸规格表，分析主要部位尺寸设置的特点，注意与本模块项目一进行比较。

该款式衣长与本模块项目一基本一样，整体廓形呈 A 型，较宽松，不收腰，胸围和摆围加放量较大，摆围加放尺寸要比胸围大，不设腰围，袖长从开口中间处量，袖口和袖肥尺寸都比项目一大，肩部开口，又是插肩袖，不设置肩宽尺寸规格。中间板采用 M 号，即 160/84A 的尺寸规格。

表6-5 条纹拼接露肩T恤产品设计订单（一）

编号	ZZ-603	品名	条纹拼接露肩T恤	季节	夏季

正视图

背视图

效果图 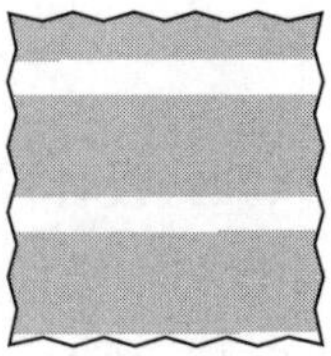　　　　　　面料A 　　　　　面料B

表6-6 条纹拼接露肩T恤产品设计订单（二）

编号	ZZ-603	品名	条纹拼接露肩T恤		季节	夏季
尺寸规格表（单位：cm）						
部位 号型		S	M		L	XL
后中长		53	54.5		56	57.5
胸围		91	95		99	103
摆围		98	102		106	110
袖长		10.7	11		11.3	11.6
袖肥		31	32.5		34	35.5
袖口		29.5	31		32.5	34
领围		65.8	67		68.2	69.4
肩开口		5	5		5	5
滚条宽		1	1		1	1
款式说明						
1. 整体款式特点：呈A型，较宽松，长度到臀围线处 2. 领子特点：圆形领口领 3. 袖子特点：一片式插肩袖，肩部开口						
材料说明						
1. 面料说明：衣身采用粗条纹平纹针织面料，经纬向均有较大弹性，袖子、领口滚条和肩开口滚条采用细条纹平纹针织面料，经纬向均有较大弹性 2. 辅料说明：插肩袖与衣身拼缝处部分使用直纱牵条						
工艺说明						
1. 侧缝、袖隆采用五线包缝，下摆、袖口折边双针链缝 2. 领口包滚条，肩部分滚条呈吊带状，肩开口包滚条呈U形						

流程二 服装制板

一、结构制图

试一试：请采用 M 号，即 160/84A 针织女上装基本型基础数据和订单的尺寸规格进行结构制图。

注意：先绘制后片，再在后片基础上绘制前片。

（一）前后片及零部件结构制图（图6-16）

制图关键：

（1）按针织女上装基本型基础数据确定条纹拼接露肩T恤前后片基础线：按针织女上装基本型前后领宽、前后肩斜度基础数据确定条纹拼接露肩T恤前后片基础线，然后在此基础上设置长度线和宽度线，绘制后片。

（2）前片绘制：前片是在后片的基础上绘制的，前横开领比后横开领小0.5cm，衣片较宽松，可不设胸高抬高量和前中下摆下落量。前后底摆侧缝起翘，处理成直角，前后侧缝等长。

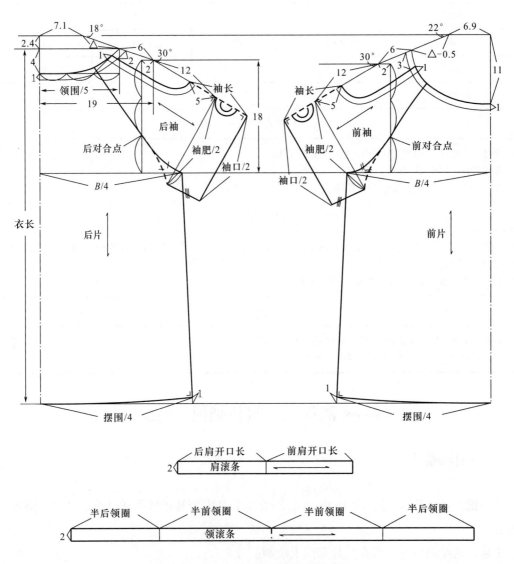

图6-16　前后片及零部件结构制图

（3）袖片绘制：袖子较宽松，前后袖中线倾斜角度一样，前后袖片在袖中线处拼接成一片，如图6-17所示。

（4）滚条绘制：领滚条和肩滚条是包在开口内圈的位置，包滚条后因为面料的拉伸性容易变长，所以长度要量取较短的开口外圈长，内圈比外圈长出的量作为抽缩量，同时滚条要做好各个部位的对位标记。

（二）前后袖片拼接处理（图6-17）

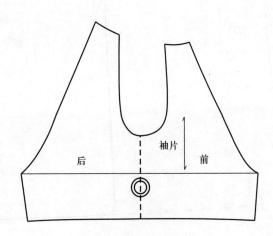

图6-17　前后袖片拼接处理

二、样板制作

（一）复制样片

想一想：样片有哪些，一共有几片？

（1）前身：前片。

（2）后身：后片。

（3）袖子：袖片。

（4）零部件：领滚条、肩滚条。

共有5片。

（二）检查样片

想一想：需要检查的部位有哪些？

（1）长度检查：主要检查前、后侧缝，前、后袖缝等，如图6-18所示。

（2）拼合检查：主要检查前、后袖隆底，前、后下摆，前、后肩开口，前、后袖口等，如图6-18所示。

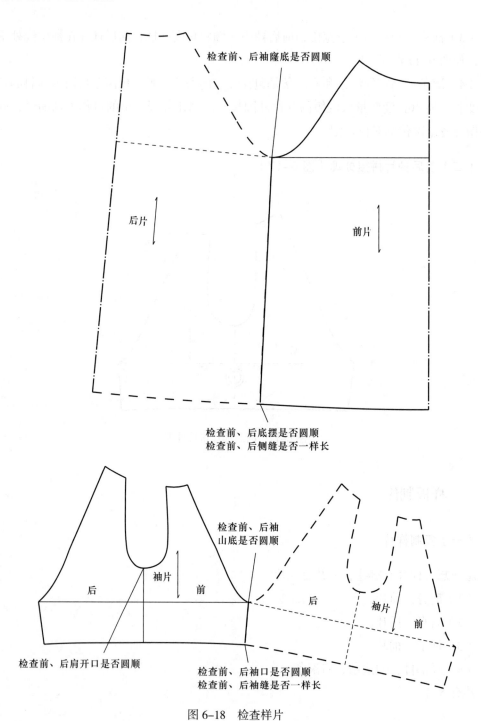

检查前、后袖窿底是否圆顺

后片

前片

检查前、后底摆是否圆顺
检查前、后侧缝是否一样长

检查前、后袖
山底是否圆顺

袖片

后　前

后　袖片　前

检查前、后肩开口是否圆顺

检查前、后袖口是否圆顺
检查前、后袖缝是否一样长

图 6-18　检查样片

（三）制作净样板

前、后片和零部件面料净样板制作，如图 6-19 所示，将检验后的样片进行复制，作为条纹拼接露肩 T 恤的净样板，注意采用的两种面料要标注准确。

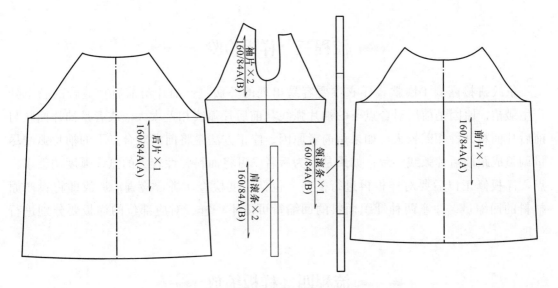

图 6-19　净样板制作

（四）制作毛样板

前、后片和零部件面料毛样板制作，如图 6-20 所示，在条纹拼接露肩 T 恤的净样板上按图 6-20 所示各缝边的缝份进行加放。

重点提示：领口和肩开口包滚条，不加缝份。

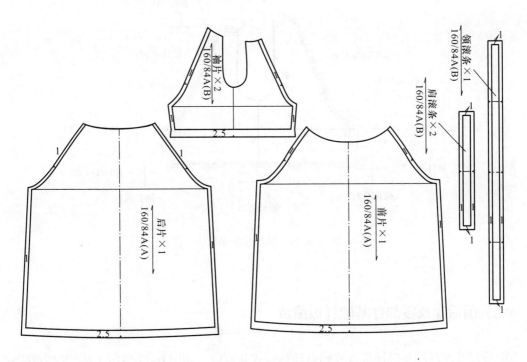

图 6-20　毛样板制作

流程三 样板检验

条纹拼接露肩T恤款式样衣主要容易出现的弊病是：袖片与前后片缝合的腋下处产生皱褶，原因是前后对合点下的袖片弧线与前后片弧线相差太大，或者是袖片面料与前后片面料弹性相差较大。如果是前者原因，修正方法是将前后对合点下的袖片弧线尽量调整成跟前后片弧线一致；如果是因为后者，可将面料弹性较大的弧线弧度调整小一点。样板修正以后要对样板再进行复核，包括长度检查、拼合检查，加放即将投产原材料的回缩量，注意两种针织面料的回缩量可能不一样，对应部位的样板要分别进行处理。

流程四 样板缩放

一、袖片基础样板缩放

袖片基础样板各放码点计算公式和数值，如图6-21所示（括号内为放码点数值）。

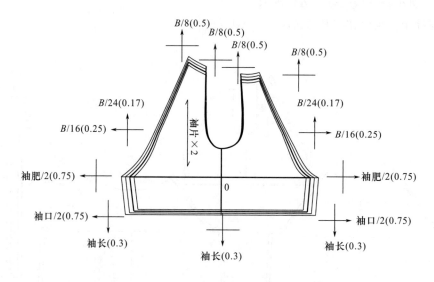

图6-21 袖片样板缩放

二、前后片及零部件基础样板缩放

前后片及零部件基础样板各放码点计算公式和数值，如图6-22所示（括号内为放码点

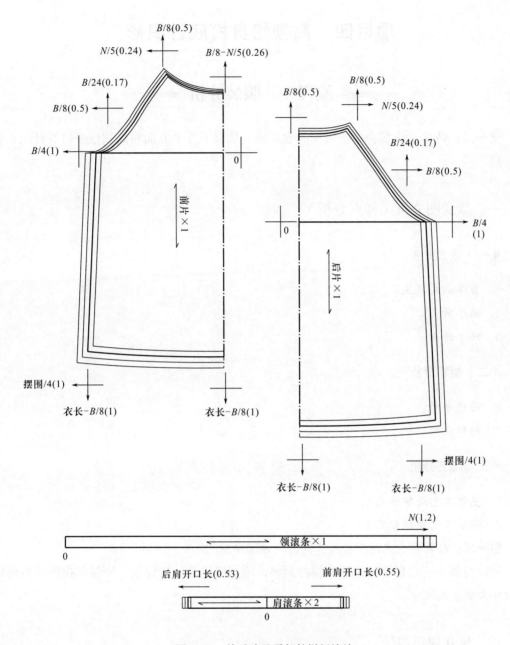

图 6-22　前后片及零部件样板缩放

数值）。

　　重点提示：前后片分别以前中线和前袖窿深线的交点、后中线和后袖窿深线的交点为坐标原点，胸围、摆围按 1/4 的比例缩放，领宽按 1/5 领围的比例缩放。

项目四　高领修身打底针织衫

━━ 流程一　服装分析 ━━

试一试： 请认真观察表6-7所示的效果图，从以下几个方面对高领修身打底针织衫进行分析。

一、款式图分析（样衣分析）

（一）款式分析

1. 整体款式特点
2. 领子特点
3. 袖子特点

（二）材料分析

1. 面料分析
2. 辅料分析

（三）工艺分析

1. 整体工艺处理方式
2. 领子工艺处理方式

想一想： 高领套头式针织衫要如何解决领部穿脱问题？

领口与领子一起包缝时要适当拉伸面料，增加缝迹处的拉伸量，使领部拉伸以后的围度尺寸大于头围尺寸。

二、尺寸规格设计

试一试： 请自己先对该款式设计尺寸规格表，然后对照表6-8的尺寸规格表，分析主要部位尺寸设置的特点。

该款式设置五个档，中间板采用L号，即165/88A的尺寸规格。袖子为长袖，袖长档差为1cm，比短袖的大，作为打底贴身穿，围度尺寸均要减量，袖子为泡褶袖，肩宽要比普通针织上衣肩宽小1~2cm，领口围要测试面料拉伸以后的尺寸是否不小于60cm。

想一想： 该款式的肩宽为什么要比普通针织上衣肩宽小？

　　因为袖山的泡褶造型要依靠肩头部分支撑才不会低垂，肩宽小了，袖山的泡褶才能撑在肩头的位置上，泡褶量越大，肩宽越小。

表6-7　高领修身打底针织衫产品设计订单（一）

编号	ZZ-604	品名	高领修身打底针织衫	季节	秋冬季

效果图

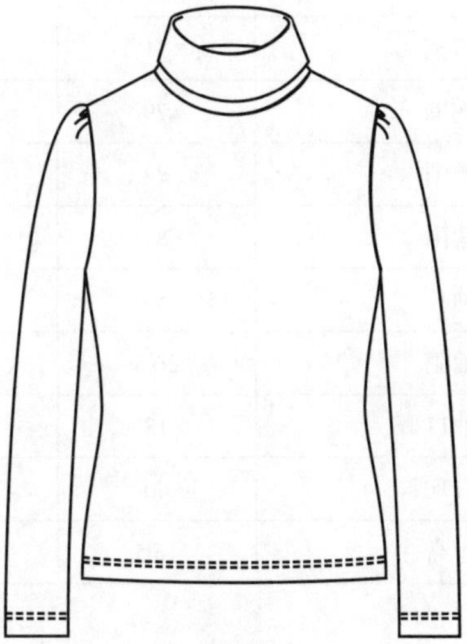

正视图

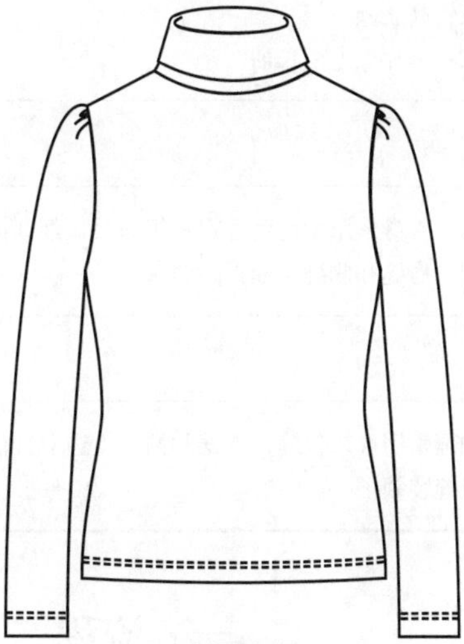

背视图

效果

表6-8　高领修身打底针织衫产品设计订单（二）

编号	ZZ-604	品名	高领修身打底针织衫		季节	秋冬季
尺寸规格表（单位：cm）						
部位 ＼ 号型	S	M	L		XL	XXL
后中长	53.5	54	55.5		57	58.5
肩宽	31	32	33		34	35
胸围	79	83	87		91	95
腰围	72	76	80		84	88
摆围	81	85	89		93	97
袖长	59	60	61		62	63
袖肥	26.5	28	29.5		31	32.5
袖口	18	19	20		21	22
领口围	40	41	42		43	44
领高	16.5	16.5	16.5		16.5	16.5

款式说明
1. 整体款式特点：较紧身合体，长度到臀围线下一点 2. 领子特点：高立领 3. 袖子特点：一片式泡褶长袖
材料说明
1. 面料说明：衣身采用素色磨毛粗针织面料，经纬向均有较大弹性 2. 辅料说明：肩缝和侧缝包缝直纱牵条
工艺说明
1. 侧缝、袖窿采用五线包缝，下摆和袖口折边双针链缝 2. 领口专机缝装领子

━━━ 流程二　服装制板 ━━━

一、结构制图

试一试：请采用 L 号，即 165/88A 针织女上装基本型基础数据和订单尺寸规格进行结构制图。

注意：先绘制后片，再在后片基础上绘制前片（灰色部分为后片）。

（一）前后片及领片结构制图（图 6-23）

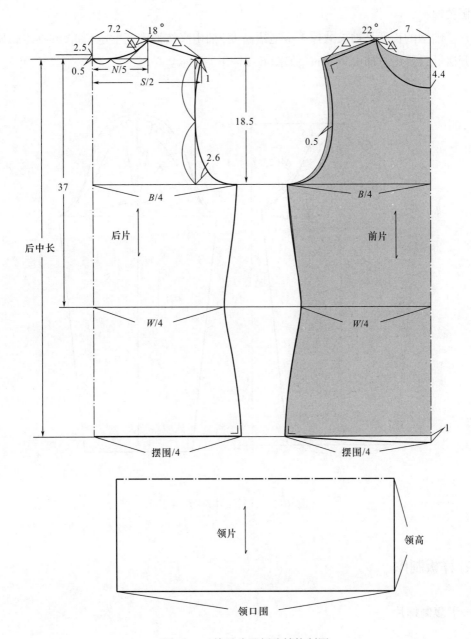

图 6-23 前后片及领片结构制图

制图关键：

这里采用的是 165/88A 针织女上装基本型，按基本型前后领宽、前后肩斜度基础数据，确定高领修身打底针织衫前后片基础线，然后在此基础上设置长度线和宽度线，绘制后片。注意测量前后领圈长是否与领口围一致。

（二）袖子结构制图（图6-24）

制图关键：

　　袖片基础型的长度是袖长减掉3cm泡褶高度，袖山高按袖肥宽度定，如图6-24（a）所示，袖山展开褶量后要比原袖山高3cm，如图6-24（b）所示。

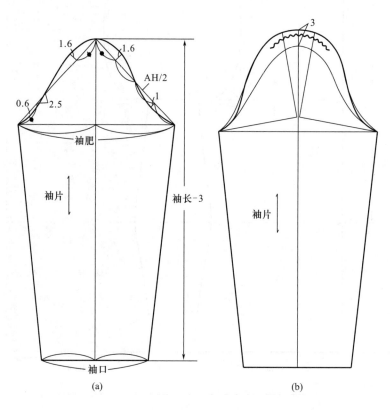

（a）　　　　　　　　　　　　　　　　（b）

图6-24　袖子结构制图

二、样板制作

（一）复制样片

想一想： 样片有哪些，一共有几片？

（1）前身：前片。

（2）后身：后片。

（3）领子：领片。

（4）袖子：袖片。

共有4片。

（二）检查样片

想一想：需要检查的部位有哪些?

（1）长度检查：主要检查前、后侧缝，前、后小肩长，前袖窿与前袖山，后袖窿与后袖山，领子与前后领圈等，如图6-25所示。

（2）拼合检查：主要检查前、后领圈，前、后袖窿，前、后袖窿底，前、后下摆，前、

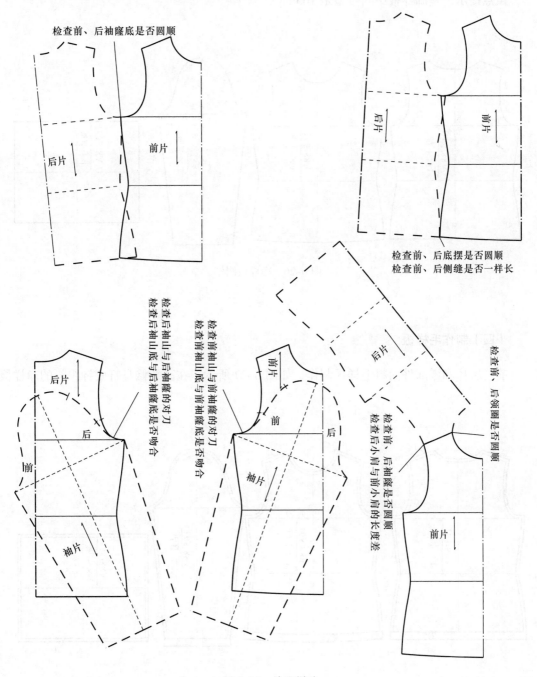

图6-25　检查样片

后袖口，前袖窿底与前袖山底、后袖窿底与后袖山底等，如图 6-25 所示。

（三）制作净样板

前、后片和零部件面料净样板制作，如图 6-26 所示，将检验后的样片进行复制，作为高领修身打底针织衫的净样板。

重点提示：基础样板中间号型是 165/88A。

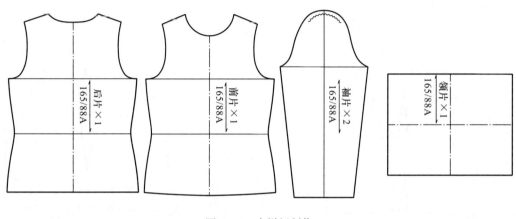

图 6-26　净样板制作

（四）制作毛样板

前、后片和零部件面料毛样板制作，如图 6-27 所示，在高领修身打底针织衫的净样板

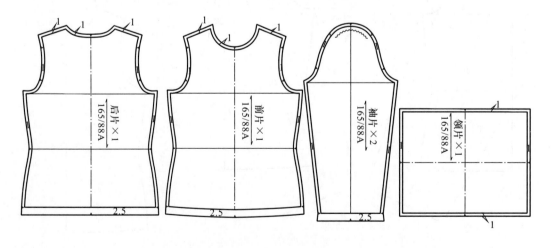

图 6-27　毛样板制作

上按图 6-27 所示各缝边的缝份进行加放。

流程三 样板检验

高领修身打底针织衫款式样衣常见弊病和样板修正方法有:

一、前领低垂

前领无法立起而低垂,原因是前领口深开得太深,领口围太大,调整方法是将前领口深向上调,领口围减小,不过,要注意拉伸后的领口围要比头围大。

二、后领口上涌

后领口出现皱褶堆涌,原因是后领深太浅,调整方法是将后领深向下调。

其他常见弊病和样板修正方法参照本模块项目一,样板修正以后要对样板再进行复核,包括长度检查、拼合检查,加放即将投产原材料的回缩量。

流程四 样板缩放

一、前后片基础样板缩放

前后片基础样板各放码点计算公式和数值,如图 6-28 所示(括号内为放码点数值)。

重点提示:前后片分别以前中线和前袖窿深线的交点、后中线和后袖窿深线的交点为坐标原点,胸围、腰围、摆围按 1/4 的比例缩放,领宽按 1/5 领围的比例缩放,肩宽按 1/2 的比例缩放。

二、袖片及领片基础样板缩放

袖片及领片基础样板各放码点计算公式和数值,如图 6-29 所示(括号内为放码点数值)。

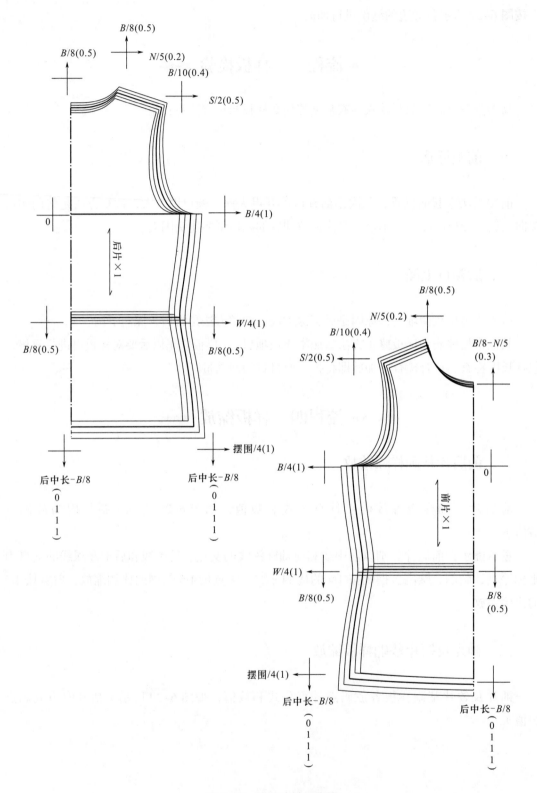

图 6-28　前后片样板缩放

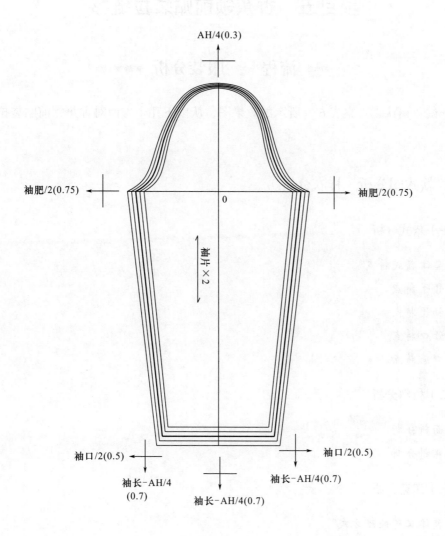

AH/4(0.3)

袖肥/2(0.75)　←　　→　袖肥/2(0.75)

0

袖片×2

袖口/2(0.5)　←　　→　袖口/2(0.5)

袖长-AH/4
(0.7)

袖长-AH/4(0.7)

袖长-AH/4(0.7)

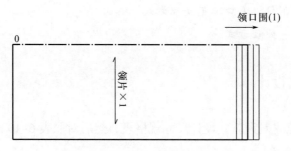

领口围(1)

0

领片×1

图6-29　袖片及领片样板缩放

项目五　香蕉领前贴袋拉链衫

流程一　服装分析

试一试： 请认真观察表 6-9 所示的效果图，从以下几个方面对香蕉领前贴袋拉链衫进行分析。

一、款式图分析（样衣分析）

（一）款式分析

1. 整体款式特点
2. 领子特点
3. 袖子特点
4. 开口特点
5. 口袋特点

（二）材料分析

1. 面料分析
2. 辅料分析

（三）工艺分析

1. 整体工艺处理方式
2. 领、袖口、下摆、袋口工艺处理方式
3. 前中开口工艺处理方式

二、尺寸规格设计

试一试： 请自己先对该款式设计尺寸规格表，然后对照表 6-10 的尺寸规格表，分析主要部位尺寸设置的特点。

该款式呈上宽下紧造型，肩宽尺寸较大，下摆尺寸较小，下摆、袖口装弹性较好的罗纹布，围度尺寸设计较小，衣长较短，袖长较长。中间板采用 L 号，即 165/88A 的尺寸规格。

表6-9 香蕉领前贴袋拉链衫产品设计订单（一）

编号	ZZ-605	品名	香蕉领前贴袋拉链衫	季节	春秋季

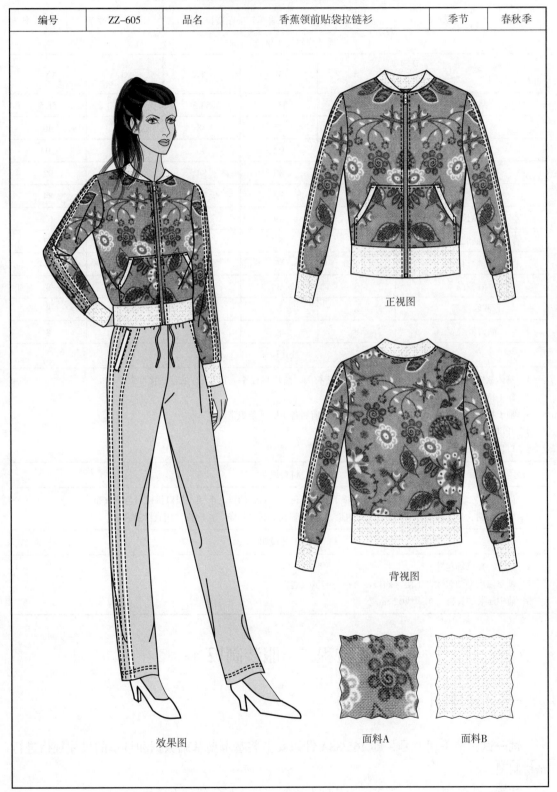

正视图

背视图

效果图

面料A　　　面料B

表6-10　香蕉领前贴袋拉链衫产品设计订单（二）

编号	ZZ-605	品名	香蕉领前贴袋拉链衫		季节	春秋季
尺寸规格表（单位：cm）						

部位 ＼ 号型	S	M	L	XL	XXL
后中长	52.5	53.5	54.5	55.5	56.5
肩宽	36	37	38	39	40
胸围	88	92	96	100	104
腰围	76	80	84	88	92
罗纹摆围	68	72	76	80	84
袖长	58	59	60	61	62
袖肥	27	28.5	30	31.5	33
袖口	16.2	17	17.8	18.6	19.4
后领高	3	3	3	3	3
罗纹摆高	8	8	8	8	8
袖口罗纹宽	8	8	8	8	8

款式说明

1. 整体款式特点：呈上宽下紧V型，长度短于臀围，前片左右各一个贴袋，衣摆拼接罗纹
2. 领子特点：香蕉领，属低立领
3. 袖子特点：一片袖，袖口装罗纹口，袖中线前后各缉贴一条织带
4. 开口特点：前中开口装拉链
5. 口袋特点：贴袋，袋口拼接罗纹

材料说明

1. 面料说明：主要采用印花卫衣面料，领子采用白色罗纹布，袖口、下摆、袋口拼接白色罗纹布
2. 辅料说明：袖子装饰1cm宽白色针织织带，5号开口树脂拉链一条，前门襟使用直纱黏合衬

工艺说明

1. 侧缝、袖窿等包缝
2. 领与前后领圈包缝，下摆、袖口、袋口包缝罗纹边
3. 前中压装明拉链，缉明线0.5cm宽

流程二　服装制板

一、结构制图

试一试：请采用L号，即165/88A针织女上装基本型基础数据和订单的尺寸规格进行结构制图。

注意：先绘制后片，再在后片基础上绘制前片（灰色部分为后片）。

（一）前后片结构制图（图6-30）

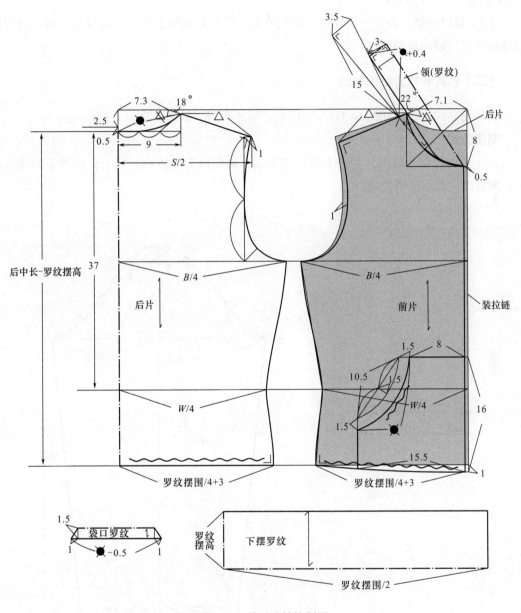

图6-30　前后片结构制图

制图关键：

（1）按针织女上装基本型基础数据确定香蕉领前贴袋拉链衫前后片基础线：前中留出0.5cm为装拉链位置。这个预留量可根据拉链号的大小进行调整，号越大，留的量越大。衣身下摆围是罗纹摆围尺寸再加抽缩量。

（2）领子绘制：在衣片上绘制领子，领子上领口线连裁，要处理成直线，但又要与后领中线保持直角，领脚线会变短，所以在画领脚线之前要加出0.4cm。注意领子只装到缩进0.5cm的装拉链的位置线。

（3）袋口绘制：袋口一边连裁，都是直裁，但要处理成上小下大的梯形，通过罗纹伸缩性以吻合口袋的弧形开口。

（二）领片和袖片结构制图

领片独立式制图，如图6-31（a）所示；袖片绘制，如图6-31（b）所示。

制图关键：

领片采用独立式制图，是按上领口围绘制，画完以后要放在衣片上，检查领脚线与前后领圈长度、弧度是否能吻合。

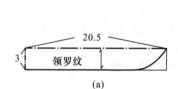

(a)

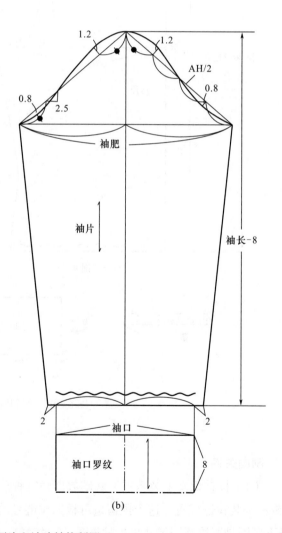

(b)

图6-31　领片和袖片结构制图

二、样板制作

（一）复制样片

想一想：样片有哪些，一共有几片？

（1）前身：前片。

（2）后身：后片。

（3）袖子：袖片。

（4）领子：领罗纹。

（5）零部件：下摆罗纹、袖口罗纹、袋口罗纹、口袋。

共有 8 片。

（二）检查样片

想一想：需要检查的部位有哪些？

（1）长度检查：主要检查前、后侧缝；前、后袖缝；前袖窿与前袖山；后袖窿与后袖山；领罗纹与前、后领圈等，如图 6-32 所示。

（2）拼合检查：主要检查前、后领圈，前、后袖窿，前、后袖窿底，前、后下摆，前、后袖口，前袖窿底与前袖山底、后袖窿底与后袖山底等，如图 6-32 所示。

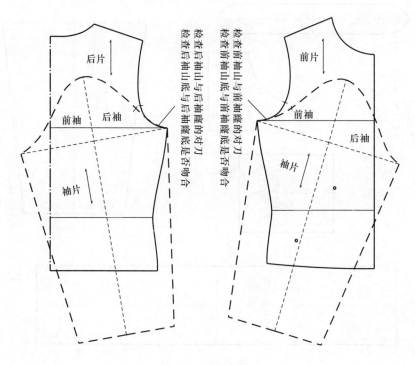

图 6-32　检查样片

（三）制作净样板

前、后片和零部件面料净样板制作，如图 6-33 所示，将检验后的样片进行复制，作为香蕉领前贴袋拉链衫的净样板。

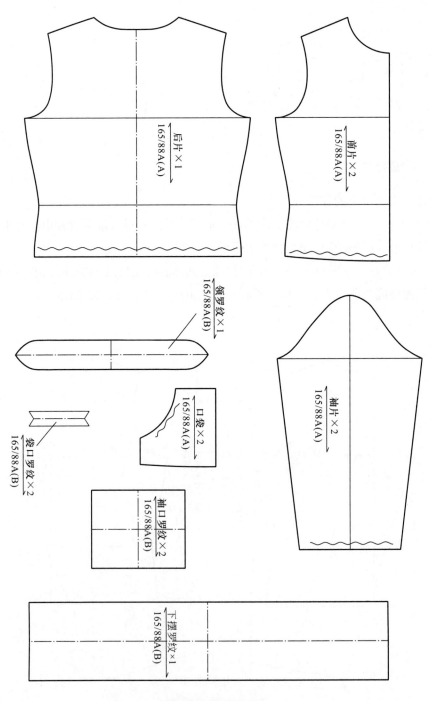

图 6-33　净样板制作

（四）制作毛样板

前、后片和零部件面料毛样板制作，如图6-34所示，在香蕉领前贴袋拉链衫的净样板上按图6-34所示各缝边的缝份进行加放。

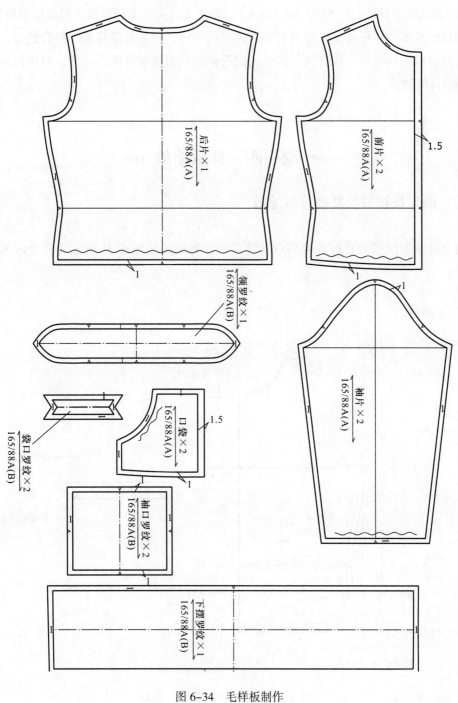

图6-34 毛样板制作

━━ 流程三　样板检验 ━━

香蕉领前贴袋拉链衫款式样衣领子与普通立领不同，不是完全立在脖子上，但有点连立领效果，即领子贴合身体，部分延伸到脖子上，主要容易出现的弊病是：领子是整个立起来的，无法贴合身体，原因是上领口线太长，修正方法是将上领口线在肩部位置折叠一点，使上领口线变短。样板修正以后要对样板再进行复核，包括长度检查、拼合检查，加放即将投产原材料的回缩量，注意该款式采用的两种面料回缩量可能不一样，对应部位的样板要分别进行处理。

━━ 流程四　样板缩放 ━━

一、前片及领罗纹基础样板缩放

前片及领罗纹基础样板各放码点计算公式和数值，如图 6-35 所示（括号内为放码点数值）。

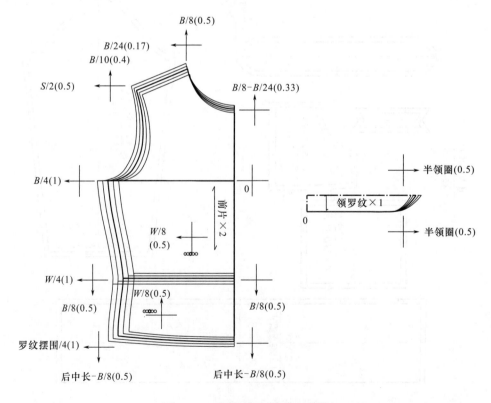

图 6-35　前片及领罗纹样板缩放

重点提示：领罗纹长度按缩放以后的一半前后片领圈长进行缩放。

二、后片及零部件基础样板缩放

后片、口袋、下摆罗纹基础样板各放码点计算公式和数值，如图 6-36 所示（括号内为

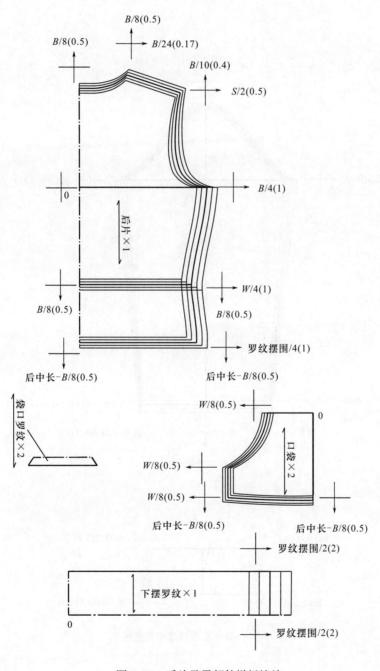

图 6-36 后片及零部件样板缩放

放码点数值）。

三、袖片及袖口基础样板缩放

袖片及袖口基础样板各放码点计算公式和数值，如图 6-37 所示（括号内为放码点数值）。

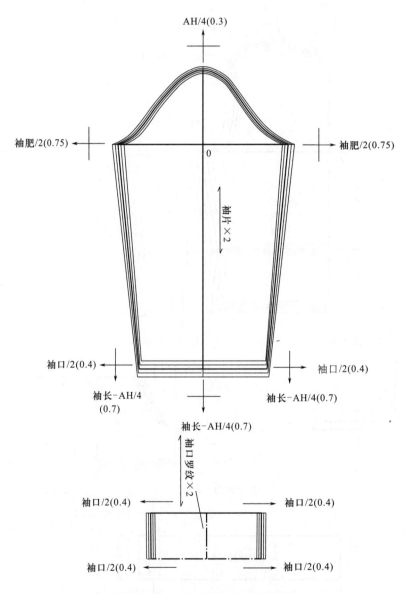

图 6-37　袖片及袖口基础样板缩板

项目六　蝙蝠袖拉链卫衣外套

━━ 流程一　服装分析 ━━

试一试：请认真观察表6-11所示的效果图，从以下几个方面对蝙蝠袖拉链卫衣外套进行分析。

一、款式图分析（样衣分析）

（一）款式分析

1. 整体款式特点
2. 领子特点
3. 袖子特点
4. 开口特点
5. 口袋特点

（二）材料分析

1. 面料分析
2. 辅料分析

（三）工艺分析

1. 整体工艺处理方式
2. 前门襟开口工艺处理方式
3. 口袋工艺处理方式
4. 袖口工艺处理方式

想一想：同样是在前门襟开口装拉链，该款式开口工艺处理方式与香蕉领前贴袋拉链衫有什么不同？

该款式从外面看不到拉链，是压装暗拉链，且拉链装到帽领上，而香蕉领前贴袋拉链衫从外面可以看到拉链，是压装明拉链，拉链只装至前领圈。

拓展知识：秋冬季外套袖口为了防风保暖，经常采用内外假两层袖口，内层采用罗纹口，部分或全部装在外袖口折边内，可伸缩使用，该款式罗纹边部分装在外袖口折边内。

表6-11　蝙蝠袖拉链卫衣外套产品设计订单（一）

编号	ZZ-606	品名	蝙蝠袖拉链卫衣外套	季节	秋冬季

正视图

背视图

效果图　　　　　　　　　　　面料A　　　　　　面料B　　　　　　面料C

二、尺寸规格设计

试一试：请自己先对该款式设计尺寸规格表，然后对照表 6-12 的尺寸规格表，分析主要部位尺寸设置的特点，注意与香蕉领前贴袋拉链衫的尺寸规格表进行比较。

表6-12　蝙蝠袖拉链卫衣外套产品设计订单（二）

编号	ZZ-606	品名	蝙蝠袖拉链卫衣外套		季节	秋冬季
尺寸规格表（单位：cm）						
部位 ＼ 号型		S	M	L		XL
后中长		53	55	57		59
前中长		57	59	61		63
摆围(罗纹)		65	69	73		77
袖长(从肩颈点量，不含罗纹口)		68	70	72		74
袖口（罗纹）		16	17	18		19
帽高		33.5	34	34.5		35
帽宽		24.5	25	25.5		26
下摆罗纹高		4.5	4.5	4.5		4.5

款式说明

1. 整体款式特点：呈上宽下紧V型，长度短于臀围，前片左右各一个斜口袋，下摆接罗纹边
2. 领子特点：三片式连帽领
3. 袖子特点：蝙蝠袖，袖口内装罗纹口，袖中部分断开，分别从前后领圈分割至袖口
4. 开口特点：前中开口装暗拉链
5. 口袋特点：单嵌线挖口袋

材料说明

1. 面料说明：衣身采用素色厚卫衣面料，只经向有较大弹性，单层无夹里，帽里和袋嵌采用织锦缎，下摆和袖口内装罗纹边
2. 辅料说明：5号开口树脂拉链一条，前门襟领使用直纱黏合衬，口袋开挖处反面使用直纱黏合衬，袋嵌使用黏合衬

工艺说明

1. 侧缝、分割片采用单针链缝，缉明线0.7cm宽
2. 前中压装暗拉链，缉明线0.7cm宽，拉链装至帽领处
3. 口袋开挖处反面粘直纱黏合衬，袋嵌用织锦缎，袋布使用衣身面料
4. 袖口罗纹宽3.5cm，采用内装外压方式，罗纹口拉伸后装在外袖口折边内，一起缉压1.5cm宽，外面露出2cm宽

该款式跟香蕉领前贴袋拉链衫一样都是上宽下紧造型，下摆都接罗纹边，所以摆围尺

寸都比较小，该款式蝙蝠袖与衣身连为一体，不设置胸围尺寸，注意袖长从肩颈点量至手腕，不含袖口罗纹宽度。中间板采用 M 号，即 160/84A 的尺寸规格。

━━ 流程二　服装制板 ━━

一、结构制图

试一试：请采用 M 号，即 160/84A 针织女上装基本型基础数据和订单的尺寸规格进行结构制图。

注意：先绘制后片，再在后片基础上绘制前片（灰色部分为后片）。前后片和零部件结构制图如图 6-38 所示。

制图关键：

（1）前片绘制：前片是在后片的基础上绘制的，前、后袖中线倾斜角度为 10 度，比衣身原型肩斜度小，增加手臂上抬活动量和蝙蝠袖腋下松垂量，角度越小，手臂上抬活动量和蝙蝠袖腋下松垂量越大。

（2）帽片绘制：帽片在前后衣片的基础上绘制，前中线劈进撇胸量，与帽领围线连成弧线，使前中拉链在颈胸位置上更贴伏身体。

（3）袖口绘制：前袖口内外假两层，外袖口比罗纹袖口大 5cm，里层袖口折边为装袖口罗纹的位置。

（4）袖中片绘制：前后袖中线处理成直线，以便拼接成一片，如图 6-38 所示。

想一想：该款式在前中心线拉链位置处理上与香蕉领前贴袋拉链衫有什么不同？

香蕉领前贴袋拉链衫压装明拉链，前中心线要缩进，留出装拉链的宽度量，该款式压装暗拉链，拉链不占据前中位置，前中心线不用缩进。

二、样板制作

（一）复制样片

想一想：样片有哪些，一共有几片？

（1）前身：前片。

（2）后身：后片。

（3）帽子：帽中片、帽侧片。

（4）袖子：袖中片。

（5）零部件：袋嵌、袋前布、袋后布、袖口罗纹、下摆罗纹、挂面。

共有 11 片。

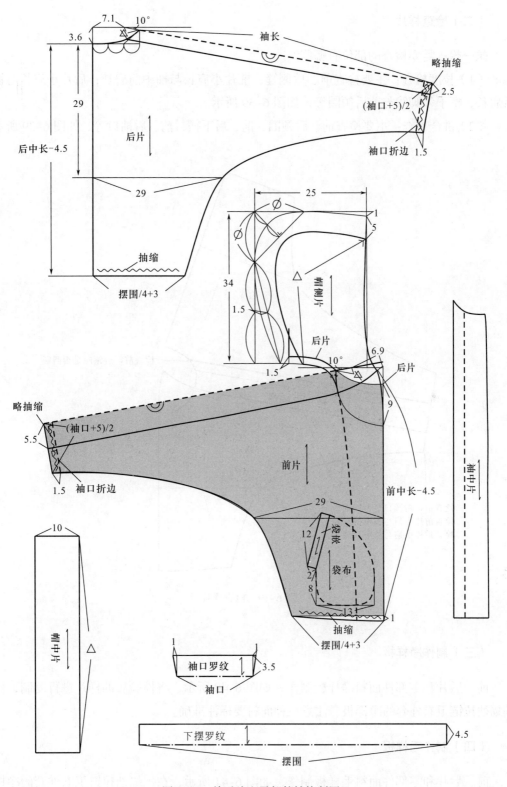

图 6-38　前后片和零部件结构制图

（二）检查样片

想一想：需要检查的部位有哪些？

（1）长度检查：主要检查前、后侧缝；前片小肩长与袖中前肩长；后片小肩长与袖中后肩长；帽子领脚线与前后领圈等，如图 6–39 所示。

（2）拼合检查：主要检查前、后领圈，前、后下摆，前、后袖口等，如图 6–39 所示。

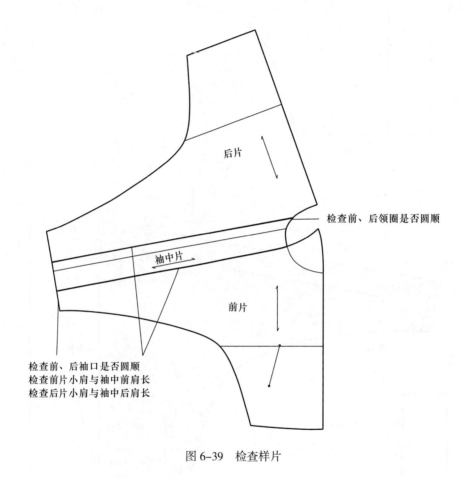

图 6–39　检查样片

（三）制作净样板

前、后片和零部件面料净样板制作，如图 6–40 所示，将检验后的样片进行复制，作为蝙蝠袖拉链卫衣外套的净样板，注意三种面料要标注准确。

（四）制作毛样板

前、后片和零部件面料毛样板制作，如图 6–41 所示，在蝙蝠袖拉链卫衣外套的净样板上按图 6–41 所示各缝边的缝份进行加放。

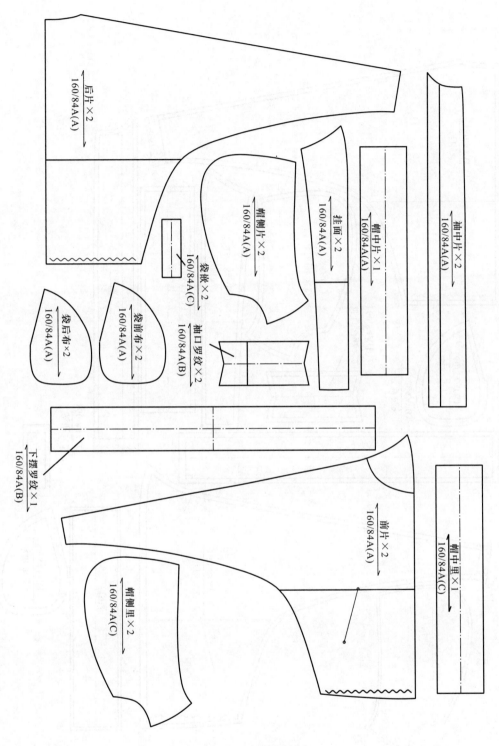

图 6-40 净样板制作

重点提示：帽侧面和里、袋前和袋后缝份不一样，前中压装暗拉链，缝份为 1.5cm。前后衣片袖口内装 1.5cm 罗纹边，再加上 1cm 缝份，共加 2.5cm 缝份。

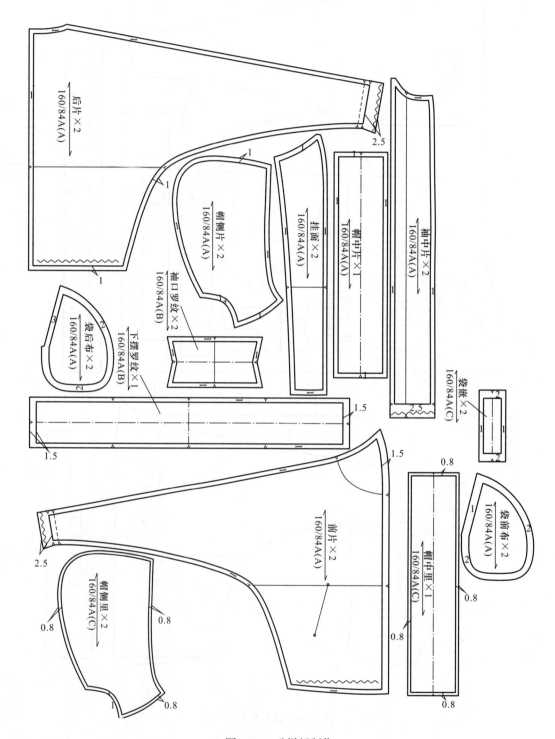

图 6-41 毛样板制作

流程三　样板检验

蝙蝠袖拉链卫衣外套款式样衣常见弊病和样板修正方法有以下内容：

一、拉链闭合时，在前颈胸处不立伏

其原因是前中心线劈进撇胸量太小，调整方法是将前中心线往里弧进去一点，增加撇胸量。

二、拉链闭合时，前领中会卡脖子

拉链闭合时，帽领后面压垂，使帽领前口往后移，导致前领中卡脖子，原因是后横开领太大，帽领后中起翘太高，调整方法是减小后横开领，将帽领后中起翘降低。

其他常见弊病和样板修正方法参照本模块项目一，样板修正以后要对样板再进行复核，包括长度检查、拼合检查，加放即将投产原材料的回缩量，注意该款式采用三种不同的面料，回缩量不一样，对应部位的样板要分别进行处理。

流程四　样板缩放

一、前后片、帽侧片及下摆基础样板缩放

前后片、帽侧片、下摆基础样板各放码点计算公式和数值，如图6-42、图6-43所示（括号内为放码点数值）。

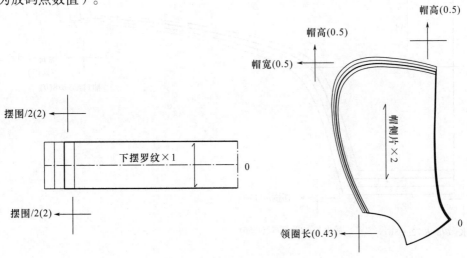

图6-42　下摆、帽侧片样板缩放

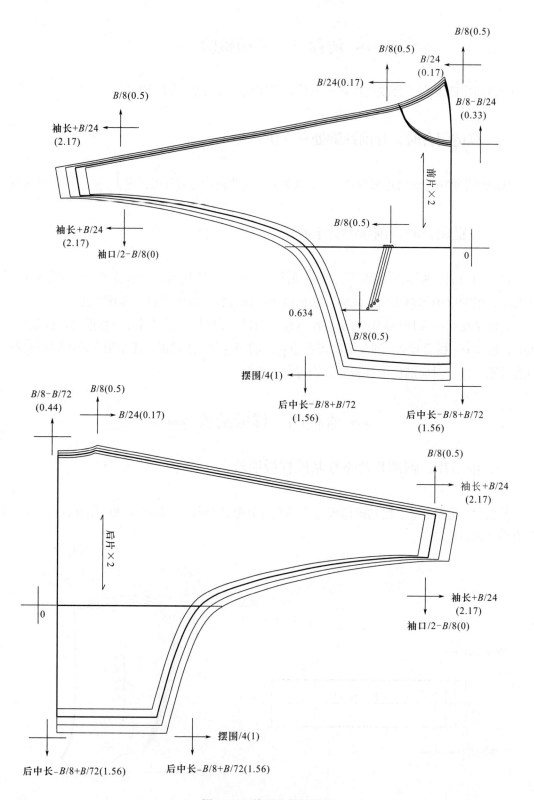

图 6-43　前后片样板缩放

二、袖中片及零部件基础样板缩放

袖中片及其他零部件基础样板各放码点计算公式和数值，如图 6-44 所示（括号内为放码点数值）。

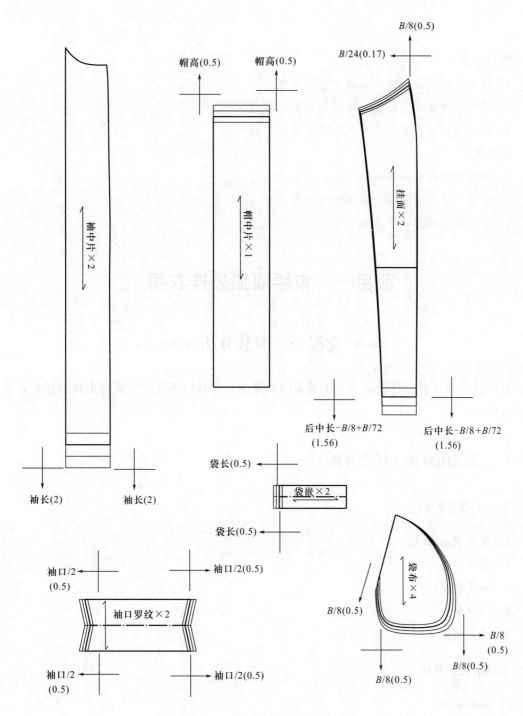

图 6-44　袖中片及零部件样板缩放

模块七　针织连衣裙制板

学习目标

1. 认识针织连衣裙常见品种和结构特点。
2. 掌握常规款式针织连衣裙的制板方法和流程。
3. 掌握针织连衣裙样板号型规格设置与放码规律。

学习重点

1. 针织连衣裙的板样处理方法。
2. 合体针织连衣裙省道设置原理和处理方法。
3. 针织连衣裙样板放码规律。

项目一　束腰双插袋连衣裙

流程一　服装分析

试一试：请认真观察服装表 7–1 所示的效果图，并从以下几个方面对束腰双插袋连衣裙进行分析。

一、款式图分析（样衣分析）

（一）款式分析

1. 整体款式特点
2. 领子特点
3. 袖子特点
4. 腰部特点
5. 口袋特点

（二）材料分析

1. 面料分析
2. 辅料分析

表7-1　束腰双插袋连衣裙产品设计订单（一）

编号	ZZ-701	品名	束腰双插袋连衣裙	季节	夏季

正视图

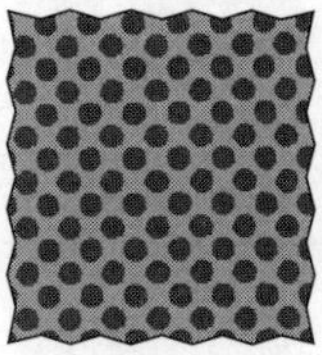

面料A

面料B

效果图

背视图

面料C

（三）工艺分析

1. 整体工艺处理方式
2. 领口工艺处理方式
3. 袖口工艺处理方式
4. 腰头工艺处理方式
5. 口袋工艺处理方式

二、尺寸规格设计

想一想：针织连衣裙一般主要设置哪些部位尺寸？

后中长、肩宽、胸围、腰围、摆围、袖长、袖口、领宽、领深、领围等。

试一试：请自己先对该款式设计尺寸规格表，然后对照表7-2的尺寸规格表，分析主要部位尺寸设置的特点。

表7-2　束腰双插袋连衣裙产品设计订单（二）

编号	ZZ-701	品名	束腰双插袋连衣裙		季节	夏季
尺寸规格表（单位：cm）						
部位 ＼ 号型		S	M	L	XL	XXL
后中长		85	87	89	91	93
肩宽		58.5	60	61.5	63	64.5
胸围		91	95	99	103	107
腰围		62	66	70	74	78
摆围		81	85	89	93	97
领宽		24	24.5	25	25.5	26
袖口		28.5	29.5	30.5	31.5	32.5
款式说明						
1. 整体款式特点：呈上宽下窄V型，长度到大腿中上部，上衣较宽松，下裙较紧身，前衣身左边有一个配色口袋，前裙片左右各一个口袋 2. 领子特点：圆形领口领，滚配色边 3. 袖子特点：冒肩小连袖，袖口滚配色边 4. 腰部特点：低腰断开拼接松紧腰头 5. 口袋特点：前衣身口袋为配色挖口袋，无袋嵌，前裙片口袋为弧形口插袋，袋口滚配色边，装饰配色襻条						
材料说明						
1. 面料说明：衣身和裙身采用波点针织面料，腰头和领口、袋口、袖口滚边采用宝蓝色针织面料，衣身袋布、裙身襻采用玫红色针织面料，裙身插袋袋布采用波点针织面料，三种面料经纬向均有较大弹性 2. 辅料说明：腰头抽2.5cm宽松紧带，衣身袋口使用黏合衬，前后肩缝包缝直纱牵条						

续表

工艺说明
1. 衣片、裙片、侧缝、肩缝采用包缝工艺，下摆折边双针链缝
2. 领口用配色布滚边0.7cm宽，明缉线0.1～0.15cm宽
3. 袖口用配色布滚边0.7cm宽，明缉线0.1～0.15cm宽
4. 衣身和裙身之间拼接配色腰头，腰头为双层形成轨道，内装松紧带
5. 衣身做无袋嵌挖袋，裙身做弧形插袋，袋口用配色布滚边0.7cm宽，明缉线0.1～0.15cm宽，由袋口内夹缝袋袢，将袋袢翻折到袋口外，压十字形装饰线

该款式实际穿着时裙腰是在略低腰位置，上身自然松垂，因此后中长要比实际的长度增加10cm，腰节相应下降10cm，低腰装松紧带。款式上宽下紧，上衣部分的围度加放尺寸较大，裙身围度加放尺寸较小，衣肩连接袖子形成冒肩袖，设置的肩宽含袖长在内，不再另外设置袖长尺寸，档差比正常肩宽档差大。领口是套头式的，要注意领宽、领深设置以后的领围周长不能少于60cm，否则穿脱困难。袖口尺寸加放量较小，防止走光。中间板采用L号，即165/88A的尺寸规格。

流程二　服装制板

一、结构制图

试一试：请采用L号，即165/88A针织女上装基本型基础数据和订单的尺寸规格进行结构制图。

注意先绘制后片，再在后片基础上绘制前片（灰色部分为后片）。前后片和零部件结构制图如图7-1所示。

制图关键：

（1）按针织女上装基本型基础数据确定束腰双插袋连衣裙前后片基础线：按165/88A针织女上装基本型的前后领宽、前后肩斜度基础数据确定束腰双插袋连衣裙前后片基础线，然后在此基础上设置长度线和宽度线，绘制后片。

（2）前片绘制：前片是在后片的基础上绘制的，侧缝线一样，前中下摆比后中下摆低落1cm，以满足前胸高量。

（3）袖子绘制：前后袖中线均从基本型肩部下斜，肩部处理成弧线，前袖口比后袖口内凹。

（4）腰头绘制：腰部低腰断开，腰头宽度3cm，比松紧带宽，内外两层，中间夹装松紧带，前后腰头分别取出后拼接成一片。

拓展知识：连袖一般有平肩连袖和冒肩连袖，平肩连袖的袖中线与肩线连成一条直线，肩部的弧度可由面料伸缩性随着身体调整，但腋下量较大，会产生较多的皱褶，冒肩连袖的袖中线从肩部下斜，肩部呈弧形，腋下的量较小，产生的皱褶较少。一般单层内穿的上

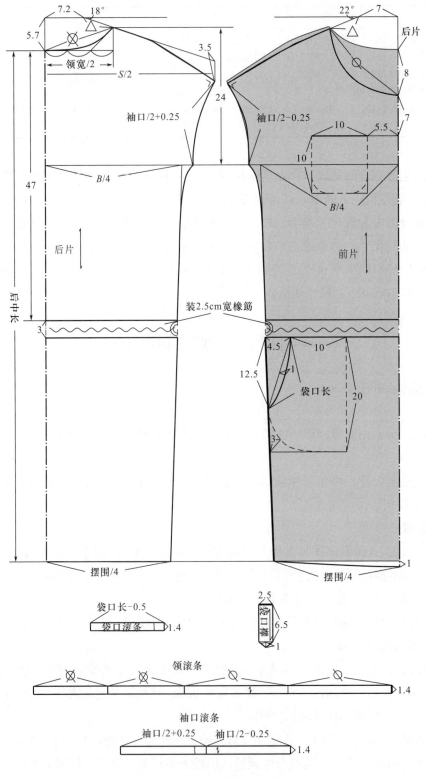

图7-1　前后片和零部件结构制图

衣如T恤、衬衫多采用冒肩连袖，有里子的外套如运动服多采用平肩连袖。

二、样板制作

（一）复制样片

想一想：样片有哪些，一共有几片？

（1）前衣身：前衣片。

（2）后衣身：后衣片。

（3）裙身：前裙片、后裙片。

（4）零部件：领滚条、袖口滚条、袋口滚条、腰头、袋口襻、袋布、裙袋布。

共有11片。

（二）检查样片

想一想：需要检查的部位有哪些？

（1）长度检查：主要检查前、后侧缝；前、后小肩长等，如图7-2所示。

（2）拼合检查：主要检查前、后领圈；前、后袖口；前、后底摆等，如图7-2所示。

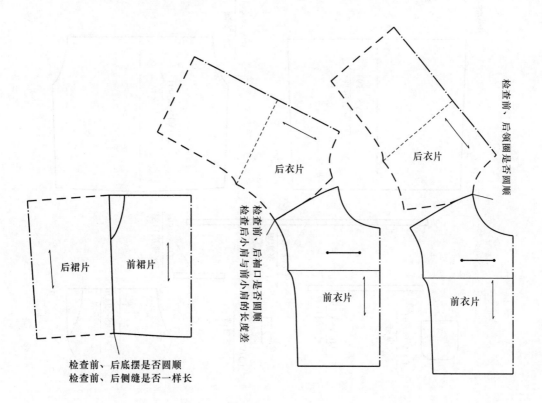

图7-2 检查样片

（三）制作净样板

前、后片和零部件面料净样板制作，如图 7-3 所示，将检验后的样片进行复制，作为束腰双插袋连衣裙的净样板，注意三种面料要标注准确。

（四）制作毛样板

前、后片和零部件面料毛样板制作，如图 7-4 所示，在束腰双插袋连衣裙的净样板上

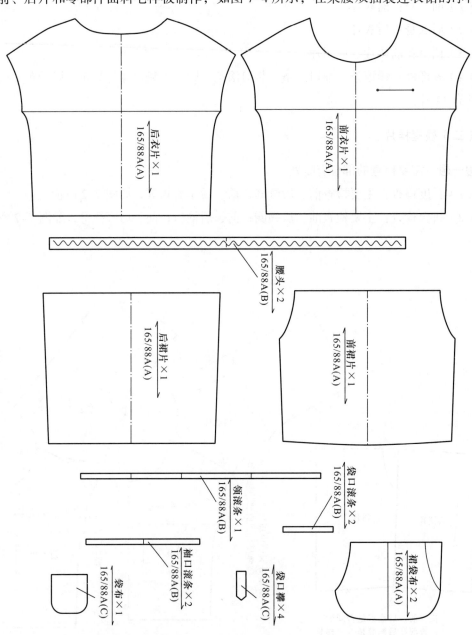

图 7-3　净样板制作

按图 7-4 所示各缝边的缝份进行加放。

重点提示： 有滚边的地方不加缝份。

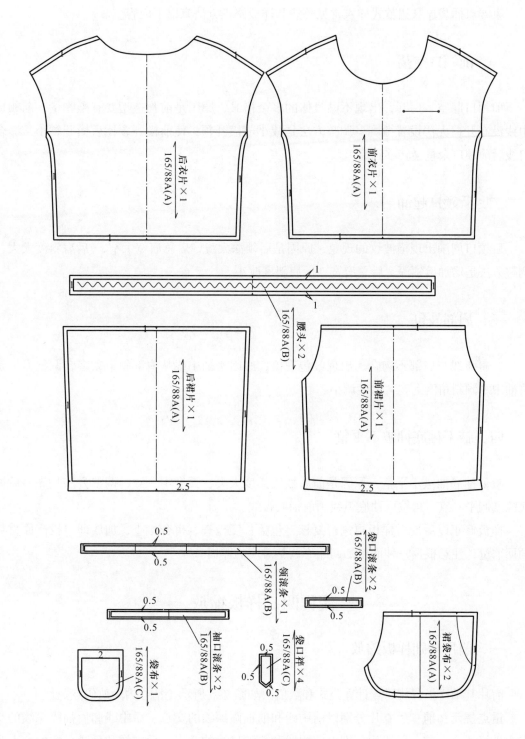

图 7-4 毛样板制作

═══ 流程三　样板检验 ═══

束腰双插袋连衣裙款式样衣常见弊病和样板修正方法有以下内容。

一、前领口空荡

前领口起空、荡开，出现不贴身体的多余褶皱，原因是前胸造型要有撇胸量，前领口中线没有开口无法设置撇胸，调整方法是减小前横开领，使前横开领比后横开领小，缝合肩线后前领口余量会转移到肩。

二、后领口起涌

后领口周围出现横波纹的现象，原因是后领深太浅，后总肩宽太窄，后肩斜度太大。调整方法是增加后领深、后总肩宽，后肩斜度改小。

三、肩部鼓包

冒肩弧线与肩部不吻合，出现鼓包现象，原因是袖中线从肩部斜下太多，调整方法是将袖中线倾斜角度上调，弧度调小。

四、腋下袖底抽皱不平整

腋下袖底抽皱不平整，原因是前后袖底弧度太大，弧度不一致，调整方法是先将后袖底弧度调平一点，再按后袖底弧线画前袖底弧线。

样板修正以后要对样板再进行复核，包括长度检查、拼合检查，加放即将投产原材料的回缩量，注意根据三种面料的回缩率调整对应的样板。

═══ 流程四　样板缩放 ═══

一、前片基础样板缩放

前片基础样板各放码点计算公式和数值，如图 7-5 所示（括号内为放码点数值）。

重点提示：前、后衣片分别以前中线和前袖窿深线的交点、后中线和后袖窿深线的交点为坐标原点，前、后裙片分别以前中线和前腰口线的交点、后中线和后腰口线的交点为

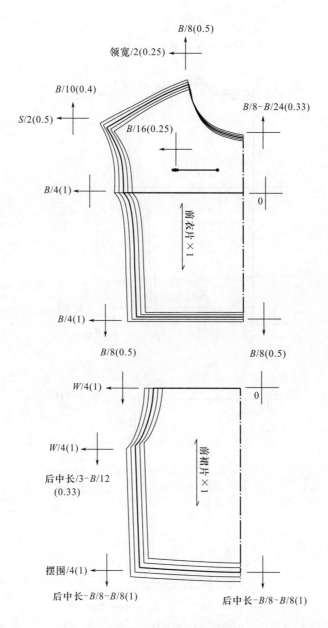

图 7-5　前片基础样板缩放

坐标原点，胸围、腰围、摆围按 1/4 的比例缩放，肩宽、领宽按 1/2 的比例缩放。

二、后片基础样板缩放

后片基础样板各放码点计算公式和数值，如图 7-6 所示（括号内为放码点数值）。

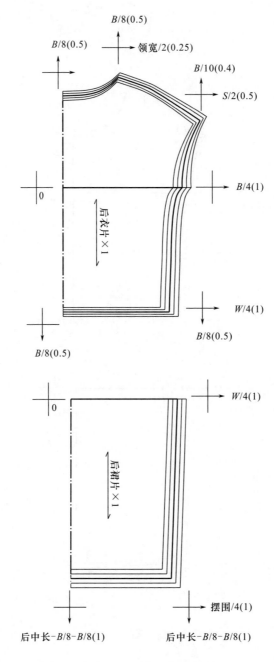

图 7-6　后片基础样板缩放

三、零部件基础样板缩放

零部件基础样板各放码点计算公式和数值，如图 7-7 所示（括号内为放码点数值）。

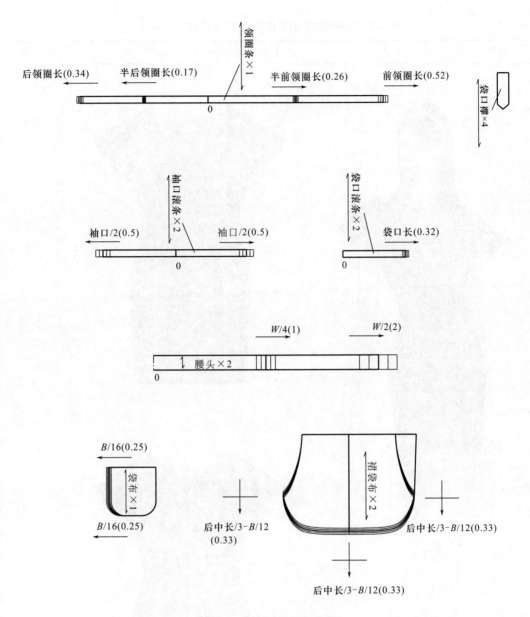

图 7–7　零部件基础样板缩放

项目二　镶钻蝴蝶袖收腰连衣裙

━━ 流程一　服装分析 ━━

试一试：请认真观察表 7–3 所示的效果图，从以下几个方面对镶钻蝴蝶袖收腰连衣裙进行分析。

表7-3 镶钻蝴蝶袖收腰连衣裙产品设计订单（一）

编号	ZZ-702	品名	镶钻蝴蝶袖收腰连衣裙	季节	夏季

效果图

正视图

背视图

面料

一、款式图分析（样衣分析）

（一）款式分析

1. 整体款式特点
2. 领子特点
3. 袖子特点
4. 腰部特点
5. 开口特点

（二）材料分析

1. 面料分析
2. 辅料分析

（三）工艺分析

1. 整体工艺处理方式
2. 领口工艺处理方式
3. 袖口工艺处理方式
4. 开口工艺处理方式

二、尺寸规格设计

试一试：请自己先对该款式设计尺寸规格表，然后对照表7-4的尺寸规格表，分析主要部位尺寸设置的特点。

该款式较紧身，三围尺寸设置均较小，下摆收紧，摆围尺寸要比臀围小，领口没有开口，领围要考虑面料拉伸以后能满足头围的需求，蝴蝶袖包住肩头，故肩宽尺寸要设置小一点，中间板采用 M 号，即 160/84A 的尺寸规格。

表7-4　镶钻蝴蝶袖收腰连衣裙产品设计订单（二）

编号	ZZ-702	品名	镶钻蝴蝶袖收腰连衣裙		季节	夏季
尺寸规格表（单位：cm）						
部位 ＼ 号型		S	M		L	XL
后中长		78	80		82	84
肩宽		32.5	33.5		34.5	35.5

续表

编号	ZZ-702	品名	镶钻蝴蝶袖收腰连衣裙		季节	夏季

尺寸规格表（单位：cm）				
部位 ＼ 号型	S	M	L	XL
胸围	87	91	95	99
腰围	71	75	79	83
臀围	90	94	98	102
摆围	86	90	94	98
袖长	15.2	15.5	15.8	16.1
领围	55.8	57	58.2	59.4
右侧拉链	29.5	30.5	31.5	32.5

款式说明

1. 整体款式特点：长度到大腿中上部，裙身呈合体X型，裙摆收紧，后中断开，前后刀背公主线从袖窿分割至底边
2. 领子特点：圆形领口领，前领口装饰亮钻
3. 袖子特点：蝴蝶袖，袖口呈喇叭状，属喇叭袖类
4. 腰部特点：腰部不断开
5. 开口特点：右侧开口装隐形拉链

材料说明

1. 面料说明：裙身采用染色针织面料，经纬向均有较大弹性
2. 辅料说明：裙身右侧缝使用直纱黏合衬，前后领口贴边使用黏合衬，一条40cm长的隐形拉链，前领口装饰亚克力珠片

工艺说明

1. 裙片侧缝、肩缝采用包缝工艺，下摆折边双针链缝
2. 前后领口装贴边明缉线0.5cm宽，前领口手工钉珠片
3. 袖口卷边缝，明缉线0.1～0.15cm宽
4. 裙身右侧开口装隐形拉链，拉链尾部包同色面布

━━ 流程二　服装制板 ━━

一、结构制图

试一试：请采用 M 号，即 160/84A 针织女上装基本型基础数据和订单的尺寸规格进行结构制图。

注意先绘制后片，再在后片基础上绘制前片。

（一）前后片结构制图（图7-8）

制图关键：

（1）按针织女上装基本型基础数据确定镶钻蝴蝶袖收腰连衣裙前后片基础线：按 160/84A 针织女上装基本型的前后领宽、前后肩斜度基础数据确定镶钻蝴蝶袖收腰连衣裙前后片基础线，然后在此基础上设置长度线和宽度线，绘制后片。

（2）前片绘制：前片是在后片的基础上绘制的，前胸高线要从后片的上平线向上抬 1 至 1.5cm，设置侧胸省量 2 至 3cm，前袖窿深相应上抬 2 至 3cm，使前后侧缝等长，前后底

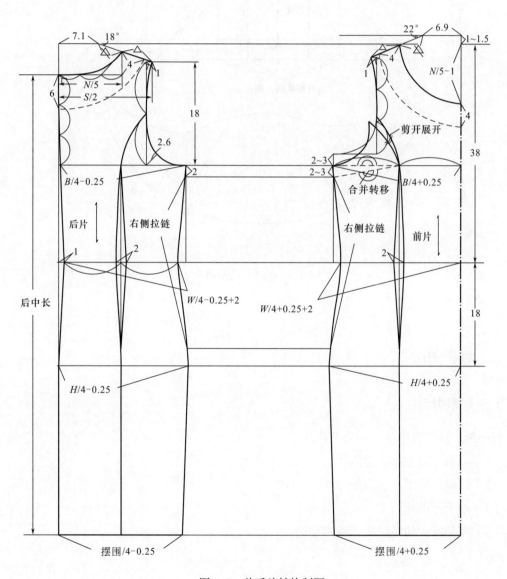

图 7-8　前后片结构制图

摆侧缝处要处理成直角，侧缝弧度一样。

（3）刀背公主线绘制：前后刀背公主线在腰部位置均收腰省量2cm，前侧胸省量合并转移至前刀背公主线。

（二）袖片结构制图（图7-9）

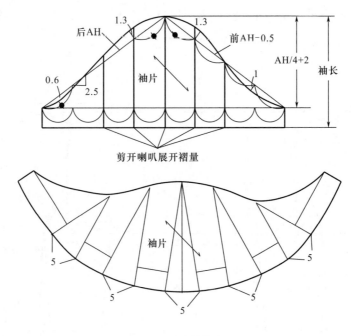

剪开喇叭展开褶量

图7-9　袖片结构制图

二、样板制作

（一）复制样片

想一想：样片有哪些，一共有几片？

（1）前身：前中片、前侧片。

（2）后身：后中片、后侧片。

（3）袖子：袖片。

（4）零部件：前领贴边、后领贴边。

共有7片。

（二）检查样片

想一想：需要检查的部位有哪些？

（1）长度检查：主要检查前、后侧缝；前、后小肩长；前袖窿与前袖山；后袖窿与后袖山；前、后袖缝等，如图 7-10 所示。

（2）拼合检查：主要检查前、后领圈；前、后袖窿；前、后袖窿底；前、后底摆；前、后袖口；前袖窿底与前袖山底；后袖窿底与后袖山底等，如图 7-10、图 7-11 所示。

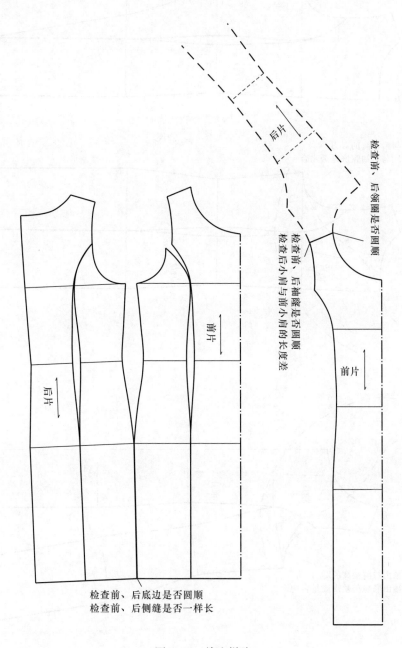

检查前、后底边是否圆顺
检查前、后侧缝是否一样长

图 7-10　检查样片

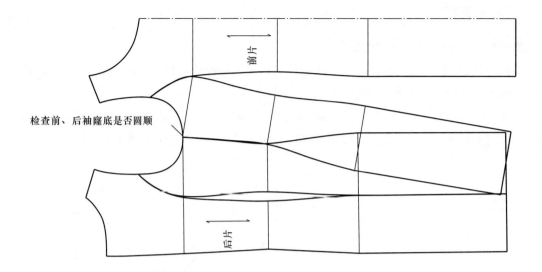

检查前、后袖窿底是否圆顺

前片

后片

检查后袖山与后袖窿的对刀
检查后袖山底与后袖窿底是否吻合

后

袖片

前

后片

后

袖片

前

检查前袖山与前袖窿的对刀
检查前袖山底与前袖窿底是否吻合

前片

图 7-11　检查样片

（三）制作净样板

前、后片和零部件面料净样板制作，如图 7-12 所示，将检验后的样片进行复制，作为镶钻蝴蝶袖收腰连衣裙的净样板。

重点提示：袖片采用 45 度斜纱方向。

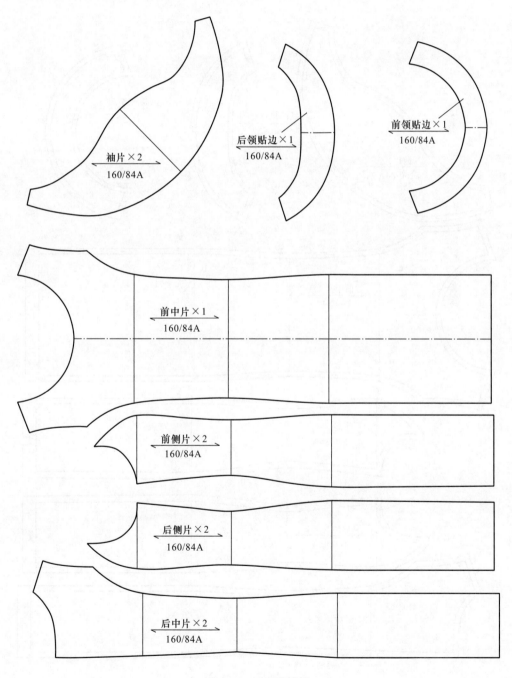

图 7-12 净样板制作

（四）制作毛样板

前、后片和零部件面料毛样板制作，如图 7-13 所示，在镶钻蝴蝶袖收腰连衣裙的净样板上按图 7-13 所示各缝边的缝份进行加放，注意袖口卷边缝，缝份只要 1cm。

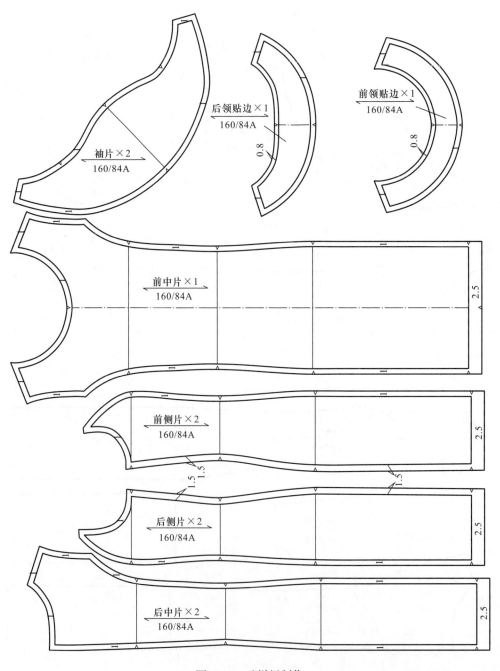

图 7-13　毛样板制作

流程三　样板检验

镶钻蝴蝶袖收腰连衣裙款式样衣常见弊病和样板修正方法有以下内容。

一、下摆前后不水平

连衣裙前后下摆前长后短，或前短后长，不在同一水平线上，原因是前腰节长和胸省设置与人体体型不符。如果是前长后短，要降低前腰节长度，并减小胸省量；如果是前短后长，要抬高前腰节长度，并增加胸省量。

二、侧缝起吊

连衣裙两侧底摆比前后片短，使底摆不在同一水平线上，原因是肩过窄，肩斜度大，底摆与侧缝不成直角，袖窿较浅。调整方法是增加肩宽，减小肩斜度，降低袖窿，将底摆下降与侧缝形成直角。

三、袖口腋下部分褶量堆积

由于重心引力作用，袖口褶量会移向腋下，如果太多会形成堆积现象，原因是蝴蝶袖口展开褶量太大，袖缝外展，调整方法是减少展开量，袖缝内收。

四、袖窿外移，袖山头下垂

袖窿外移，袖山头下垂，原因是肩宽太大，袖山头没有足够的支撑位置而下垂，调整方法是减小肩宽。

样板修正以后要对样板再进行复核，包括长度检查、拼合检查，加放即将投产原材料的回缩量。

流程四　样板缩放

一、前片及前领贴边基础样板缩放

前片及前领贴边基础样板各放码点计算公式和数值，如图 7-14 所示（括号内为放码点数值）。

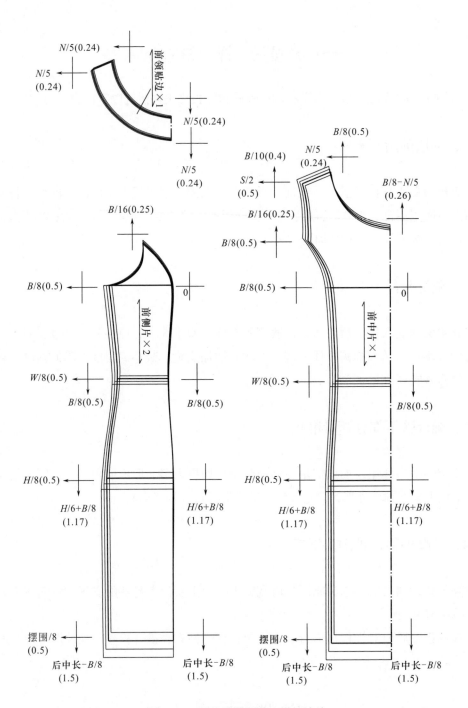

图 7-14　前片及前领贴边样板缩放

重点提示：前后中片分别以前中线和前袖窿深线的交点、后中线和后袖窿深线的交点为坐标原点，前后侧片分别以前公主线和前袖窿深线的交点、后公主线和后袖窿深线的交点为坐标原点，胸围、腰围、臀围、摆围按 1/8 的比例缩放，肩宽按 1/2 比例缩放，领宽按

1/5 比例缩放。

二、后片及后领贴边基础样板缩放

后片及后领贴边基础样板各放码点计算公式和数值，如图 7-15 所示（括号内为放码点数值）。

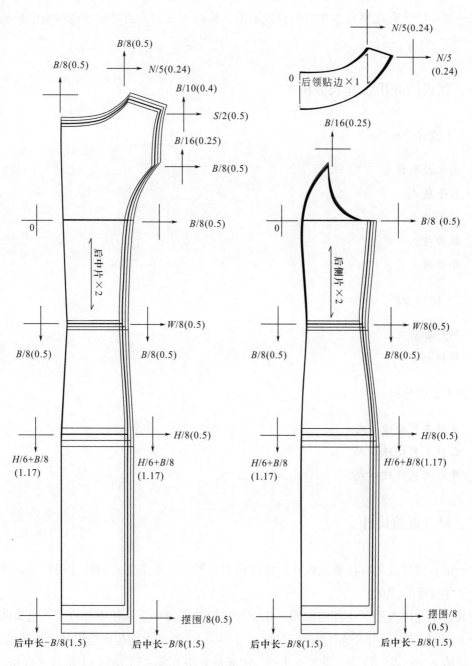

图 7-15 后片及后领贴边样板缩放

项目三　圆领高腰泡泡长袖连衣裙

━━━ 流程一　服装分析 ━━━

试一试： 请认真观察表 7-5 所示的效果图，从以下几个方面对圆领高腰泡泡长袖连衣裙进行分析。

一、款式图分析（样衣分析）

（一）款式分析

1. 整体款式特点
2. 领子特点
3. 袖子特点
4. 腰部特点
5. 开口特点

（二）材料分析

1. 面料分析
2. 辅料分析

（三）工艺分析

1. 整体工艺处理方式
2. 领口工艺处理方式
3. 开口工艺处理方式

二、尺寸规格设计

试一试： 请自己先对该款式设计尺寸规格表，然后对照表 7-6 的尺寸规格表，分析主要部位尺寸设置的特点。

该款式呈合体 X 型，下摆略收紧，摆围尺寸要比臀围小，后领中开口可满足头部穿脱需求，可不设置领围尺寸，泡泡袖的肩宽要设置小一点，袖长设置包含泡泡袖山头的抛高量，要比普通袖子长一点。该款式设置五个档，中间板采用 L 号，即 165/88A 的尺寸规格。

表7-5 圆领高腰泡泡长袖连衣裙产品设计订单（一）

编号	ZZ-703	品名	圆领高腰泡泡长袖连衣裙	季节	春秋季

正视图

背视图

效果图

面料

面料

表7-6　圆领高腰泡泡长袖连衣裙产品设计订单（二）

编号	ZZ-703	品名	圆领高腰泡泡长袖连衣裙			季节	春秋季

尺寸规格表（单位：cm）

部位 ＼ 号型	S	M	L	XL	XXL
后中长	78	80	82	84	86
肩宽	30	31	32	33	34
胸围	78	82	86	90	94
腰围	68	72	76	80	84
臀围	90	94	98	102	106
摆围	82	86	90	94	100
袖长	62	63	64	65	66
袖口	18	19	20	21	22

款式说明

　1．整体款式特点：长度到大腿中上部，裙身呈合体X型，下摆略收紧，前片高腰弧形带状分割至袖窿，前衣身左右各收一个腰省，前裙片左右各收两个褶裥，从带下侧边腰节斜向下分割至后片，侧边不断开，后片刀背线从后衣身袖窿分割至腰节断开线处，后中从领口断开至裙身下摆，后裙片左右各收一个腰省，后裙片左右侧向上分别连接至前片带状分割线处

　2．领子特点：圆形领口领

　3．袖子特点：泡泡长袖，袖山头前后各收两个褶裥

　4．腰部特点：前片高腰弧形带状分割至袖窿，后片腰节断开连接至前衣身腰带处

　5．开口特点：后中开口装隐形拉链

材料说明

1．面料说明：裙身采用染色针织面料，经纬向均有较大弹性

2．辅料说明：做全里，里布采用薄的同色针织面料，经纬向均有较大弹性，前片腰节使用直纱牵条，后中开口使用直纱黏合衬，一条50cm长的隐形拉链

工艺说明

1．衣片裙片拼缝、肩缝、袖窿和侧缝采用包缝，下摆折边暗缲针与里布固定

2．前后领口不装贴边，与里布合缝

3．后中开口装隐形拉链

━━━ 流程二　服装制板 ━━━

一、结构制图

试一试：请采用 L 号，即 165/88A 针织女上装基本型基础数据和订单的尺寸规格进行结构制图。

注意先绘制后片，再在后片基础上绘制前片（灰色部分为后片）。

（一）前后片结构制图（图7-16）

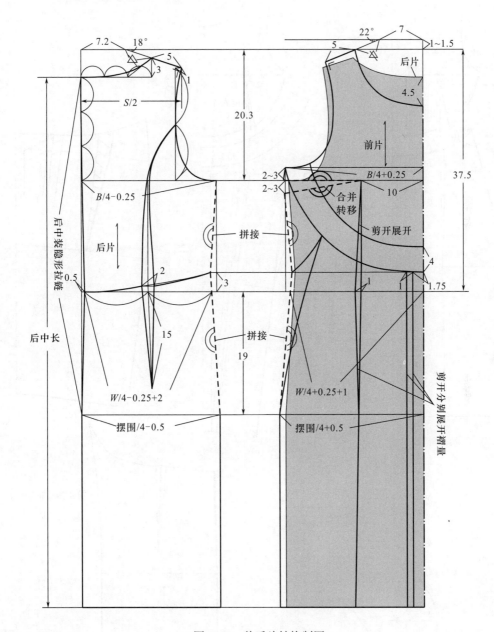

图7-16　前后片结构制图

制图关键：

（1）按针织女上装基本型基础数据确定圆领高腰泡泡长袖连衣裙前后片基础线：按165/88A针织女上装基本型的前后领宽、前后肩斜度基础数据确定圆领高腰泡泡长袖连衣裙前后片基础线，然后在此基础上设置长度线和宽度线，绘制后片。

（2）前片胸省处理：前片胸省合并转移到腰省，如图7-17（a）所示；腰节处的腰省进行拼接，衣身处做腰省，如图7-17（b）所示。

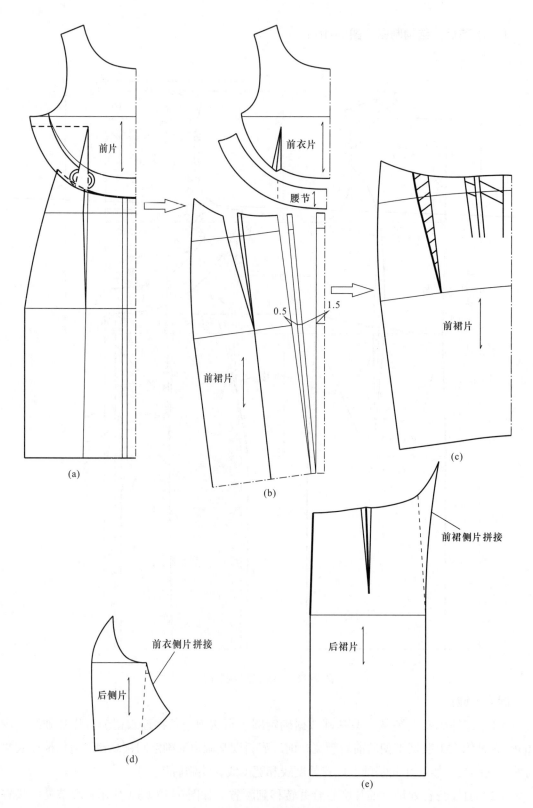

图 7-17　省道处理

（3）前片褶裥处理：前后片臀围采用摆围尺寸进行计算，前片如图7-17（b）所示剪开展开褶量，展开后刚好增加到臀围尺寸，展开后的前裙片如图7-17（c）所示。

（4）侧片拼接处理：前侧片因为要拼接到后片，前后片拼接处的侧缝均处理成直的，如图7-16所示，拼接片通过面料伸缩性与人体服帖，拼接后的后侧片和后裙片分别如图7-17（d）、图7-17（e）所示。

（二）袖片结构制图（图7-18）

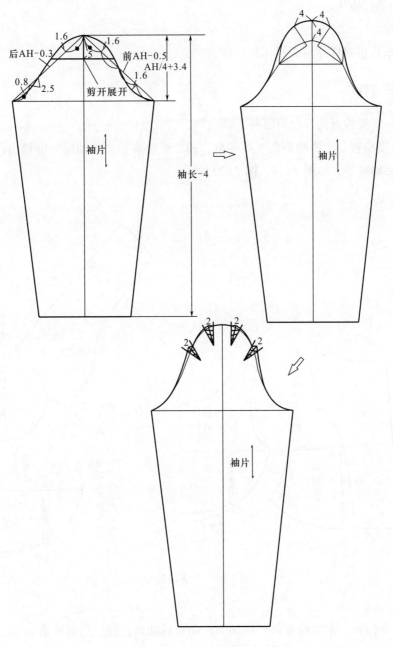

图7-18　袖片结构制图

二、样板制作

（一）复制样片

想一想：面料样片有哪些，一共有几片？

（1）前身：前衣片、腰节、前裙片。

（2）后身：后中片、后侧片、后裙片。

（3）袖子：袖片。

共有 7 片。

重点提示：里料样片与面料样片一样。

（二）检查样片

想一想：需要检查的部位有哪些？

（1）长度检查：主要检查前、后侧缝；前、后小肩长；前袖窿与前袖山；后袖窿与后袖山；前、后袖缝等，如图 7-19、图 7-20 所示。

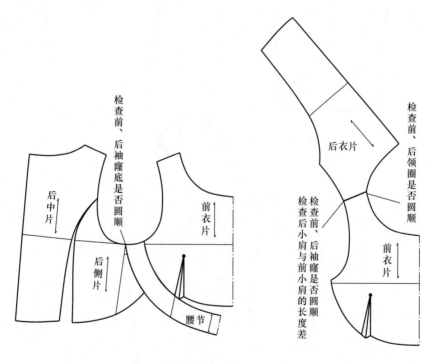

图 7-19 检查前后片

（2）拼合检查：主要检查前、后领圈；前、后袖窿；前、后袖窿底；前、后底摆；前袖窿底与前袖山底；后袖窿底与后袖山底等，如图 7-19、图 7-20 所示。

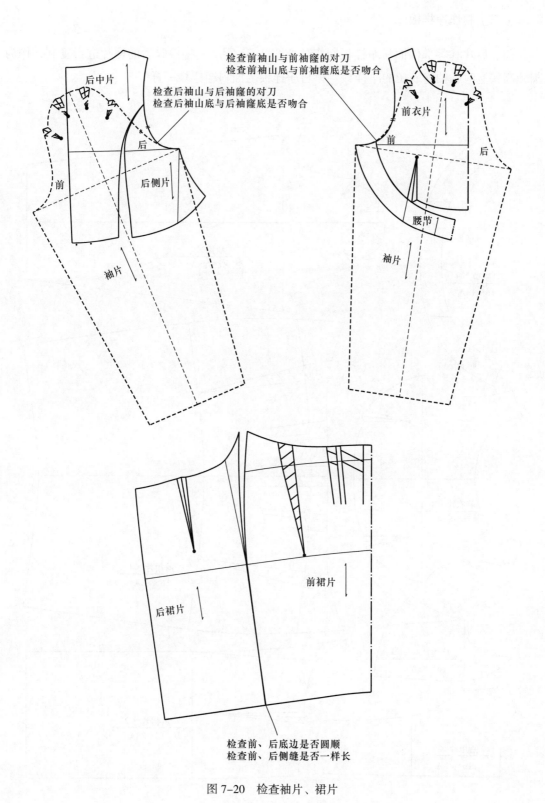

检查前袖山与前袖窿的对刀
检查前袖山底是否吻合

检查后袖山与后袖窿的对刀
检查后袖山底与后袖窿底是否吻合

后中片

后

前

后侧片

袖片

前衣片

前

后

腰节

袖片

后裙片

前裙片

检查前、后底边是否圆顺
检查前、后侧缝是否一样长

图 7-20　检查袖片、裙片

（三）制作净样板

前、后片和零部件面料净样板制作，如图7-21所示，将检验后的样片进行复制，作为圆领高腰泡泡长袖连衣裙的净样板。里料净样板与面料净样板一样。

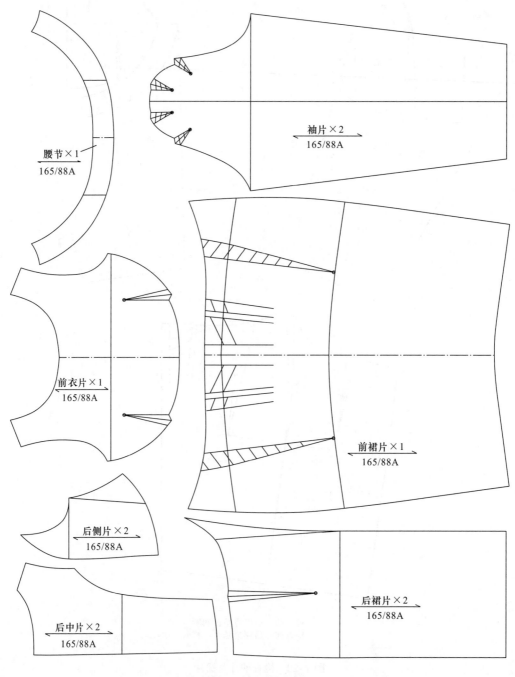

图7-21　净样板制作

（四）制作毛样板

1. 制作面料毛样板

面料毛样板制作，如图 7-22 所示，在圆领高腰泡泡长袖连衣裙的面料净样板图上按图 7-22 所示各缝边的缝份进行加放。

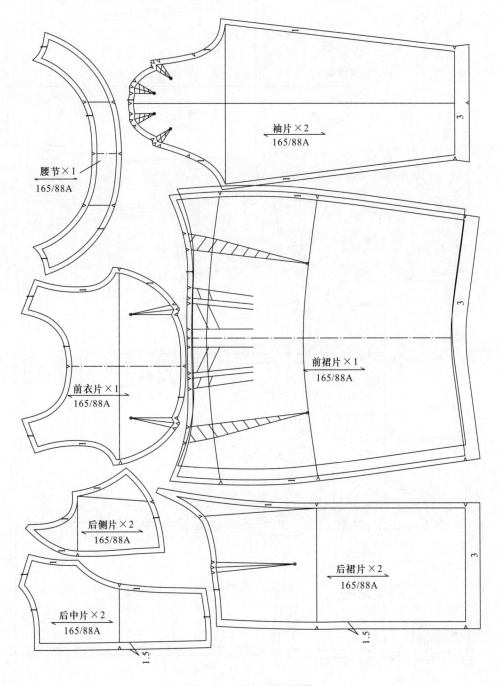

图 7-22 面料毛样板制作

2. 制作里料毛样板

里料毛样板制作，如图 7-23 所示，在圆领高腰泡泡长袖连衣裙的里料净样板上按图 7-23 所示各缝边的缝份进行加放。

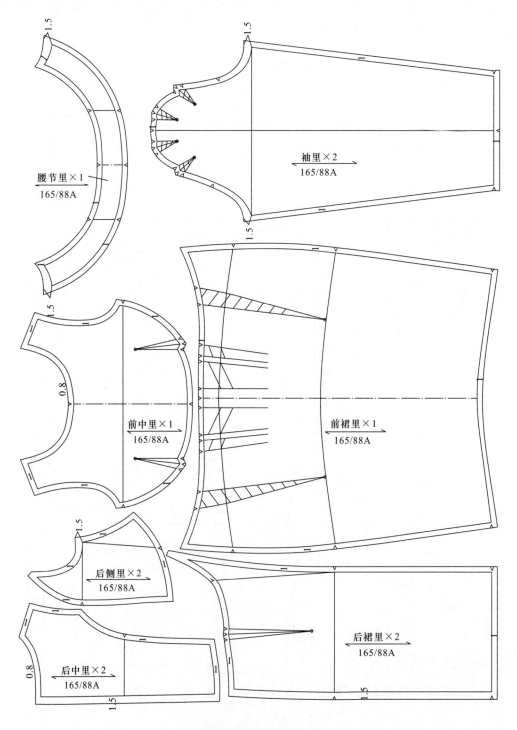

图 7-23　里料毛样板制作

圆领高腰泡泡长袖连衣裙款式样衣常见弊病和样板修正方法有以下内容。

一、下摆前后不水平

连衣裙前后下摆前长后短，或前短后长，不在同一水平线上，原因是前胸高量和胸省设置与人体体型不符。如果是前长后短，要降低前胸高量，并减小胸省转移腰的量；如果是前短后长，要抬高前胸高量，并增加胸省转移腰省的量，如图 7-24 所示。

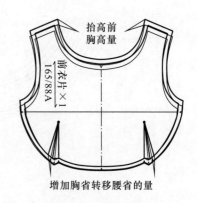

图 7-24 样板检验

二、侧缝起吊

连衣裙两侧下摆比前后片短，使底边不在同一水平线上，原因是肩过窄，肩斜度大，底边与侧缝不成直角，袖窿较浅。调整方法是增加肩宽，减小肩斜度，降低袖窿，将底边下降与侧缝形成直角。

样板修正以后要对样板再进行复核，包括长度检查、拼合检查，加放即将投产原材料的回缩量。

━━ **流程四 样板缩放** ━━

一、前片基础样板缩放

前片基础样板各放码点计算公式和数值，如图 7-25 所示（括号内为放码点数值）。

重点提示：前后衣片分别以前中线和前袖窿深线的交点、后中线和后袖窿深线的交点为坐标原点，前后裙片分别以前中线和前腰口线的交点、后中线和后腰口线的交点为坐标原点，前片胸围、腰围、臀围、摆围按 1/4 的比例缩放，肩宽按 1/2 的比例缩放，后衣片胸围、腰围按 1/8 的比例缩放，后裙片腰围、臀围、摆围按 1/4 的比例缩放。

二、后片基础样板缩放

后片基础样板各放码点计算公式和数值，如图 7-26 所示（括号内为放码点数值）。

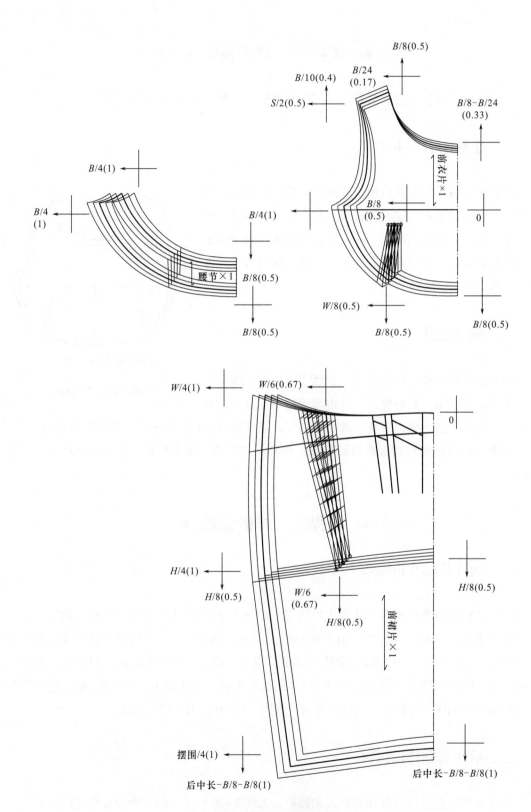

图 7-25　前片样板缩放

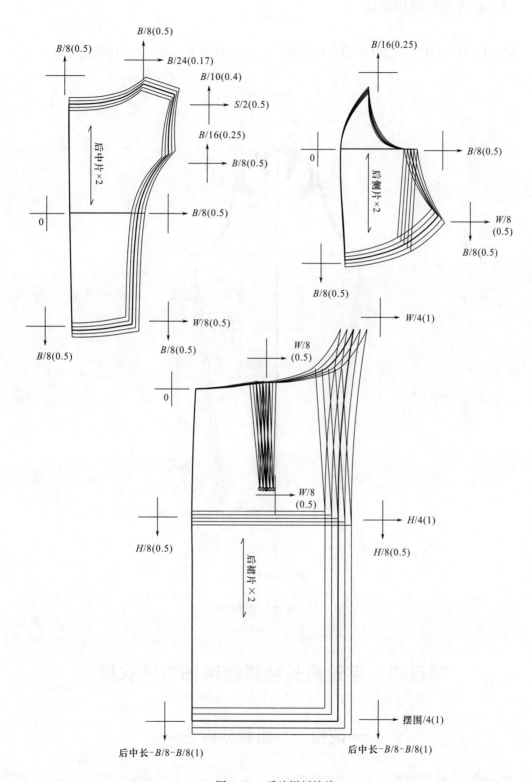

图 7-26　后片样板缩放

三、袖片基础样板缩放

袖片基础样板各放码点计算公式和数值，如图 7-27 所示（括号内为放码点数值）。

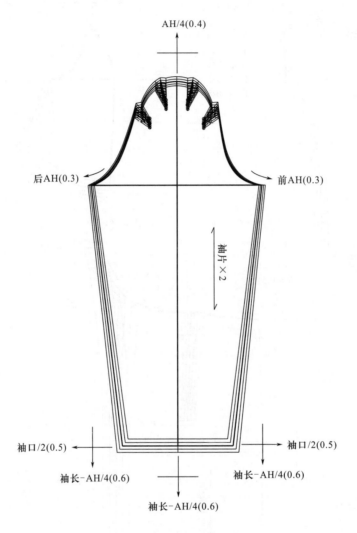

图 7-27　袖片基础样板缩放

项目四　平耸肩长袖拼接装饰带连衣裙

━━ 流程一　服装分析 ━━

试一试：请认真观察表 7-7 所示的效果图，从以下几个方面对平耸肩长袖拼接装饰带连衣裙进行分析。

表7-7　平耸肩长袖拼接装饰带连衣裙产品设计订单（一）

编号	ZZ-704	品名	平耸肩长袖拼接装饰带连衣裙	季节	春秋季

效果图

正视图

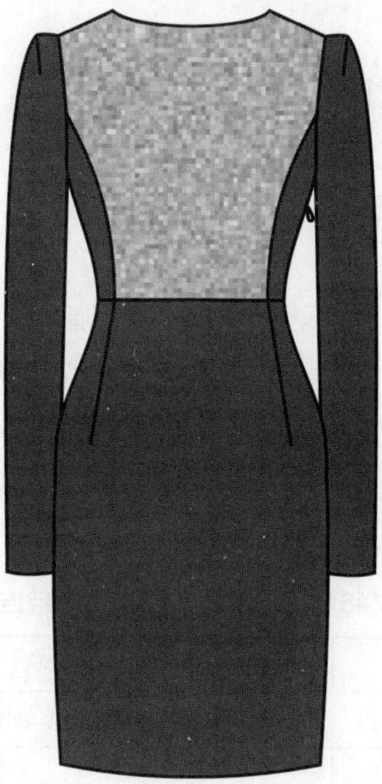

背视图

面料A

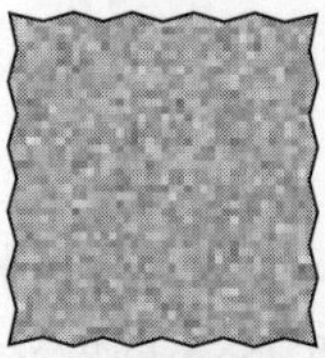

面料B

面料

一、款式图分析（样衣分析）

（一）款式分析

1. 整体款式特点
2. 领子特点
3. 袖子特点
4. 腰部特点
5. 开口特点

（二）材料分析

1. 面料分析
2. 辅料分析

（三）工艺分析

1. 整体工艺处理方式
2. 领口工艺处理方式
3. 开口工艺处理方式

二、尺寸规格设计

试一试： 请自己先对该款式设计尺寸规格表，然后对照表7-8的尺寸规格表，分析主要部位尺寸设置的特点。

该款式呈合体X型，下摆略收紧，摆围尺寸要比臀围小一点，领口开得较大，因形状曲折变化，不设置领围，但要注意满足套头穿脱的围度量，平耸肩袖的肩宽要设置小一点，袖长设置包含袖山头的耸高量，要比普通袖子长一点。该款式设置五个档，中间板采用L号，即165/88A的尺寸规格。

表7-8 平耸肩长袖拼接装饰带连衣裙产品设计订单（二）

编号	ZZ-704	品名	平耸肩长袖拼接装饰带连衣裙		季节	春秋季
尺寸规格表（单位：cm）						
部位 \ 号型		S	M	L	XL	XXL
后中长		86	87	88	89	90
肩宽		32	33	34	35	36

续表

编号	ZZ-704	品名	平耸肩长袖拼接装饰带连衣裙		季节	春秋季

尺寸规格表（单位：cm）					
部位 ＼ 号型	S	M	L	XL	XXL
胸围	82	86	90	94	98
腰围	66	70	74	78	82
臀围	84	88	92	96	100
摆围	82	86	90	94	98
袖长	59	60	61	62	63
袖口	18	19	20	21	22

款式说明

1. 整体款式特点：长度到膝盖上一点，造型呈合体X型，下摆略收紧，前片拼缝银色领肩片，左右从领口L形分割至腰节线下侧缝处，夹装银色装饰带，左右分割线上下各收一个腰省，后片腰节断开，后衣身刀背线从袖窿分割至腰节，后中片拼缝银色布，后裙身左右各收一个腰省

2. 领子特点：曲折变化领口领

3. 袖子特点：平耸肩一片式长袖

4. 腰部特点：前片从领口L形分割至腰节线下侧缝处，后片在腰节线处水平断开。

5. 开口特点：右侧缝开口装隐形拉链

材料说明

1. 面料说明：主要采用染色针织面料，经纬向均有较大弹性，领肩、装饰带、后中片采用银色针织面料，经纬向均有较大弹性

2. 辅料说明：做全里，里布采用薄的同色针织面料，经纬向均有较大弹性，前后领口贴边、装饰带使用黏合衬，右侧缝开口使用直纱黏合衬，一条40cm长的隐形拉链，一副薄的耸肩垫片

工艺说明

1. 衣片裙片拼缝、肩缝、袖窿和侧缝采用包缝，下摆折边暗缲针与里布固定

2. 领口、领肩片装贴边

3. 右侧缝开口装隐形拉链

流程二　服装制板

一、结构制图

试一试：请采用L号，即165/88A针织女上装基本型基础数据和订单的尺寸规格进行结构制图。

注意先绘制后片，再在后片基础上绘制前片（灰色部分为后片）。

（一）前后片结构制图（图7-28）

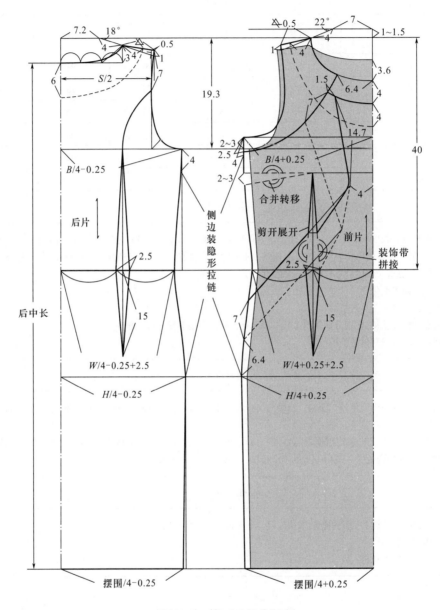

图7-28　前后片结构制图

制图关键：

（1）按针织女上装基本型基础数据确定平肩长袖拼接装饰带连衣裙前后片基础线：按165/88A针织女上装基本型的前后领宽、前后肩斜度基础数据确定平肩长袖拼接装饰带连衣裙前后片基础线，前后肩线抬高1cm垫肩量，然后在此基础上设置长度线和宽度线，绘制后片。

（2）前片胸省处理：前片胸省合并转移到腰省，装饰带处的腰省进行拼接，前衣片做腰省，如图7-29（a）所示。

（3）装饰带处理：装饰带处腰省拼接以后，沿虚线翻折后画顺，如图7-29（b）所示。

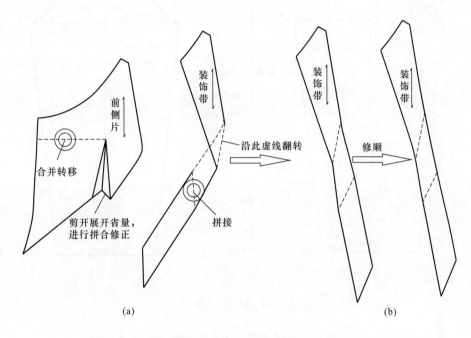

图7-29　胸省、装饰带处理

（二）袖片结构制图

制图关键：

（1）绘制袖片基础型：袖片先按普通一片袖绘制，如图7-30（a）所示。

（2）抛高耸起量：剪开袖中线和袖山线，向上展开抛高耸肩片的量，如图7-30（b）所示。

（3）分割耸肩片：从抛高的袖山头分割出3.5cm宽的耸肩片，如图7-31（a）所示。

（4）折叠耸肩片，抬高袖山头：折叠前后耸肩片，如图7-31（b）所示，使折叠后的前后袖山线长略长于前后袖窿，将分割后的袖山头抬高耸起量，画顺袖山，使袖山头长度略长于前后耸肩片长度，注意前后耸肩片要处理成直角，如图7-31（c）所示。

拓展知识：

耸肩袖袖山头形状一般有尖的、平的、圆的等，主要与前后耸肩片形状有关，该款式前后耸肩片处理成直角，拼缝后成水平状。

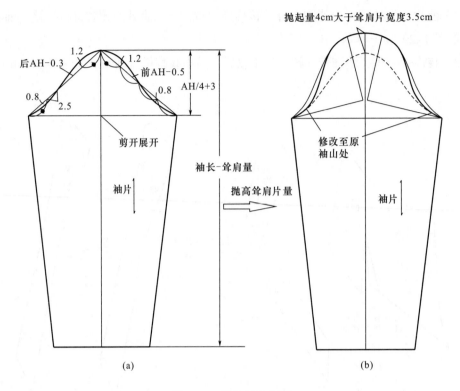

图 7-30 袖片结构制图

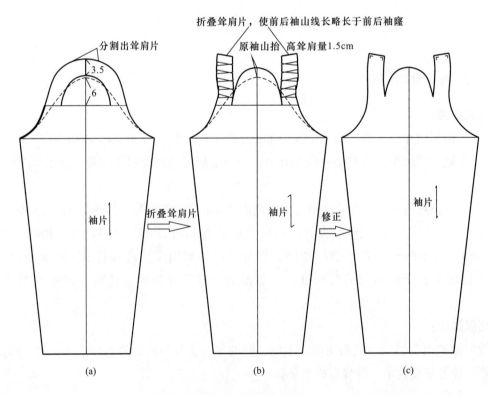

图 7-31 耸肩片制图

二、样板制作

（一）复制样片

1. 复制面料样片

想一想：面料样片有哪些，一共有几片？

（1）前身：前中片、前侧片、前装饰片、装饰带。

（2）后身：后中片、后侧片、后裙片。

（3）袖子：袖片。

（4）零部件：前领贴边、前侧领贴边、后领贴边。

共有 11 片。

2. 复制里料样片

想一想：里料样片有哪些，一共有几片？

（1）前身：前片。

（2）后身：后片。

（3）袖子：袖片。

共有 3 片。

（二）检查样片

想一想：需要检查的部位有哪些?

（1）长度检查：主要检查前、后侧缝；前、后小肩长；前袖窿与前袖山；后袖窿与后袖山；前、后袖缝等，如图 7-32、图 7-33 所示。

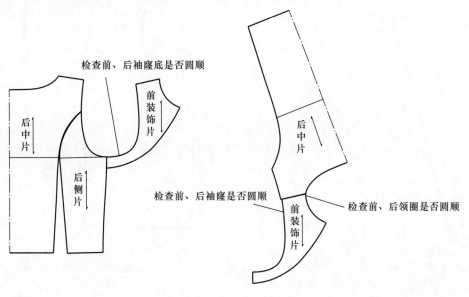

图 7-32 检查后片

（2）拼合检查：主要检查前、后领圈；前、后袖窿；前、后袖窿底；前、后底摆；前袖窿底与前袖山底；后袖窿底与后袖山底等，如图7-32、图7-33所示。

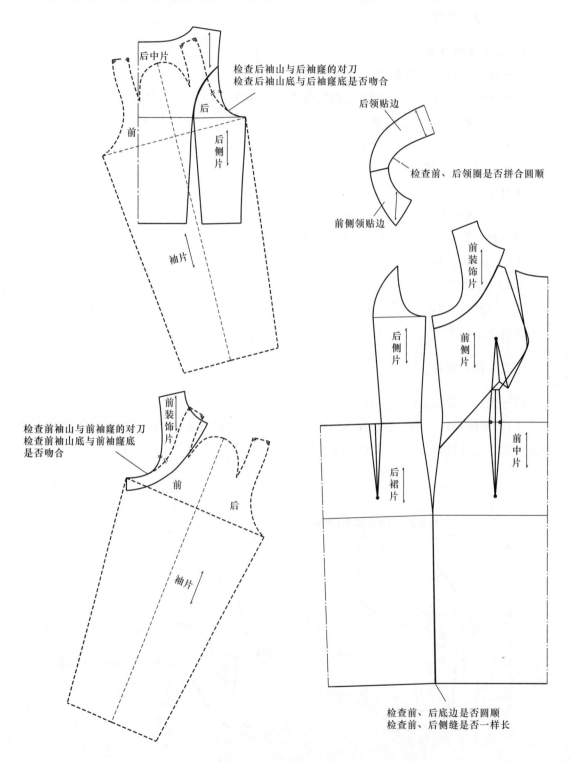

图 7-33　检查前片、袖片

（三）制作净样板

1. 制作面料净样板

面料净样板制作，如图 7-34 所示，将检验后的样片进行复制，作为平肩长袖拼接装

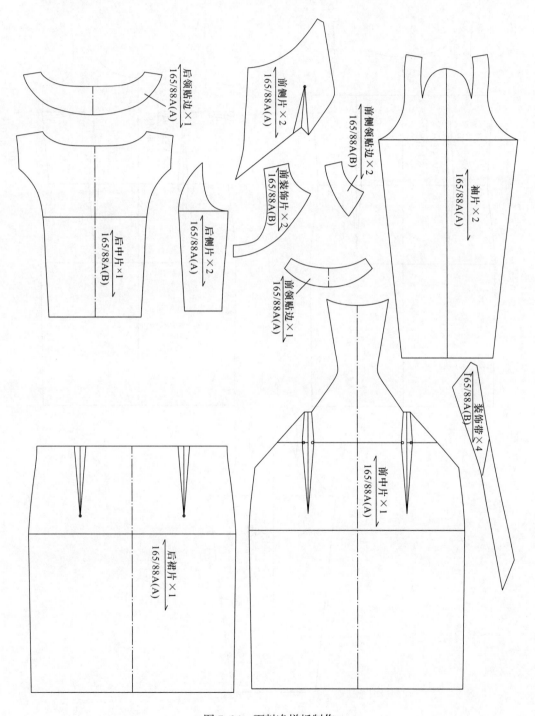

图 7-34　面料净样板制作

饰带连衣裙的面料净样板。

2. 制作里料净样板

里料净样板制作，如图 7-35 所示，将检验后的样片进行复制，作为平耸肩长袖拼接装饰带连衣裙的里料净样板。

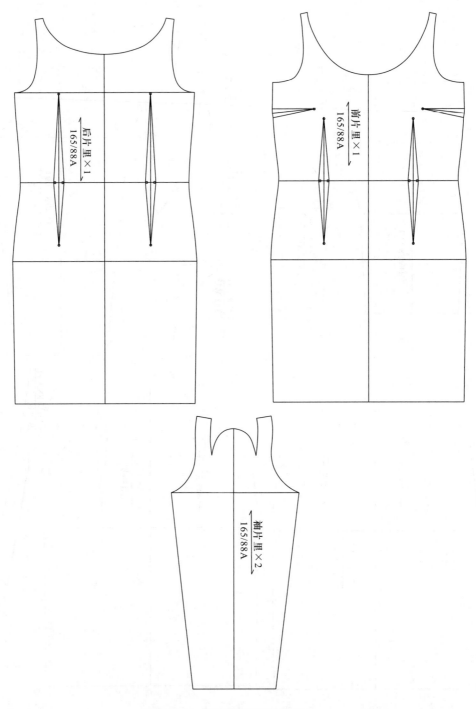

后片里×1
165/88A

前片里×1
165/88A

袖片里×2
165/88A

图 7-35 里料净样板制作

（四）制作毛样板

1. 制作面料毛样板

面料毛样板制作，如图 7-36 所示，在平耸肩长袖拼接装饰带连衣裙的面料净样板图上按图 7-36 所示各缝边的缝份进行加放。

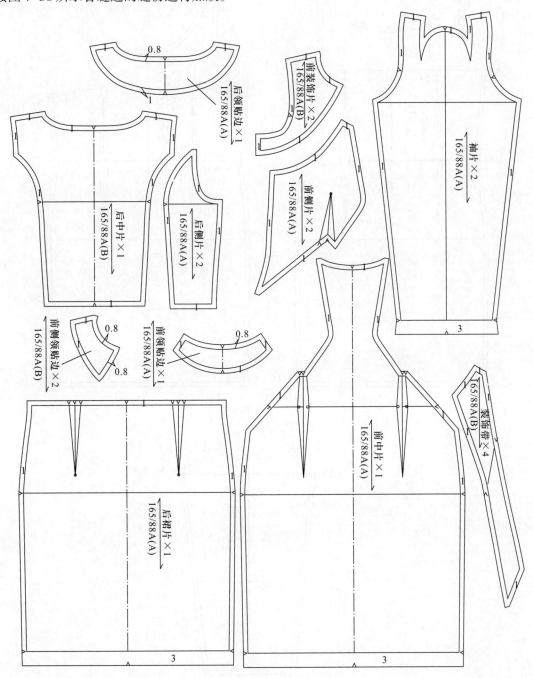

图 7-36　面料毛样板制作

2．制作里料毛样板

里料毛样板制作，如图 7-37 所示，在平耸肩长袖拼接装饰带连衣裙的里料净样板图上按图 7-37 所示各缝边的缝份进行加放。

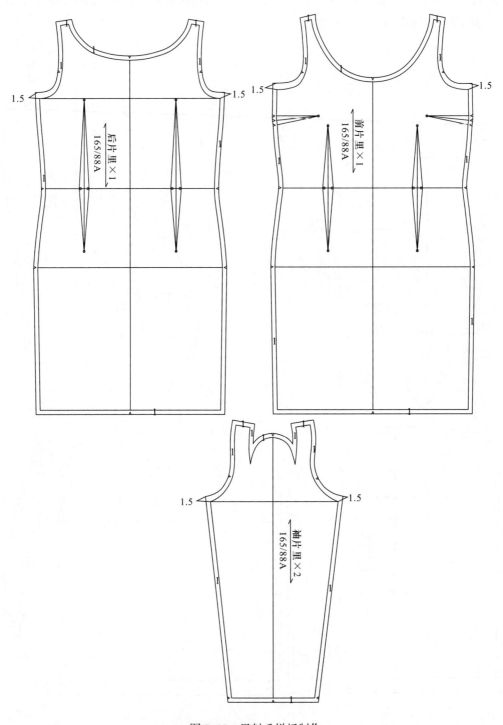

图 7-37　里料毛样板制作

流程三　样板检验

平耸肩长袖拼接装饰带连衣裙款式样衣容易出现的弊病和样板修正方法有以下内容。

一、耸肩袖头起皱下垂

耸肩袖头起皱无法耸起，呈下垂现象，原因是耸肩片往袖中线倾斜，前后袖山线长度比前后袖窿长太多，调整方法是将耸肩片折叠量多一点，减小前后袖山线长度，如图7-38（a）所示，使之略长于前后袖窿长。

二、耸肩袖头尖耸上翘，不平整

耸肩袖头尖耸往上翘，而不是平的，原因是前后耸肩片拼合以后呈尖角状，导致袖山头装上以后变尖，调整方法是将前后耸肩片处理成直角，如图7-38（b）所示，使之拼合后呈180度水平状。

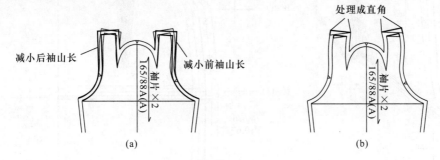

图7-38　样板检验

其他常见弊病和样板修正方法参照本模块项目三，样板修正以后要对样板再进行复核，包括长度检查、拼合检查，加放即将投产原材料的回缩量，注意根据两种面料和里料的回缩率调整对应的样板。

流程四　样板缩放

一、面料样板缩放

（一）前片基础样板缩放

前片基础样板各放码点计算公式和数值，如图7-39所示（括号内为放码点数值）。

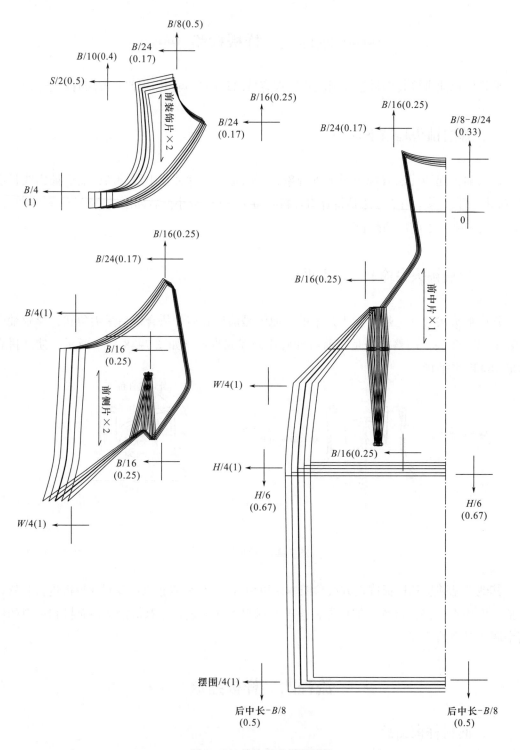

图 7-39　前片基础样板缩放

重点提示：前后衣片分别以前中线和前袖窿深线的交点、后中线和后袖窿深线的交点为坐标原点，前后裙片分别以前中线和前腰口线的交点、后中线和后腰口线的交点为坐标原点。前片胸围、腰围、臀围、摆围按 1/4 的比例缩放，肩宽按 1/2 的比例缩放。

（二）后片基础样板缩放

后片基础样板各放码点计算公式和数值，如图 7-40 所示（括号内为放码点数值）。

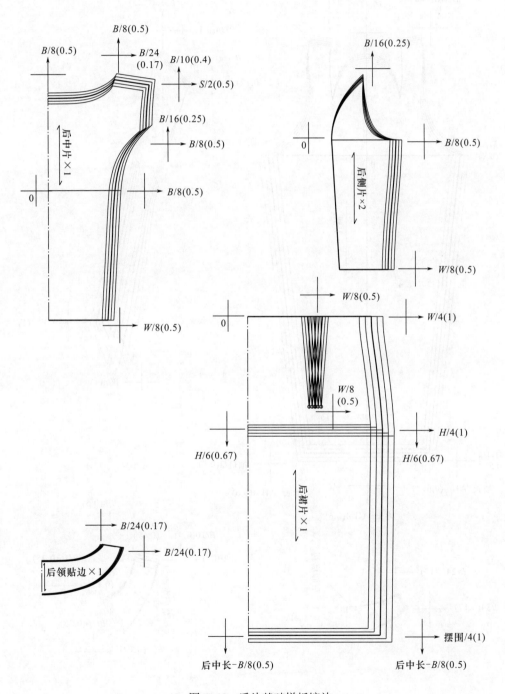

图 7-40　后片基础样板缩放

（三）袖片及零部件基础样板缩放

袖片及零部件基础样板各放码点计算公式和数值，如图7-41所示（括号内为放码点数值）。

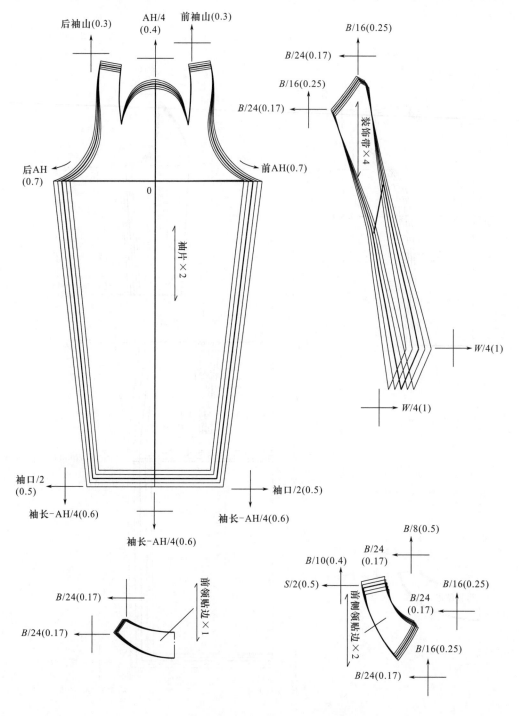

图7-41　袖片及零部件基础样板缩放

二、里料样板缩放

（一）前片里基础样板缩放

前片里基础样板各放码点计算公式和数值，如图 7-42 所示（括号内为放码点数值）。

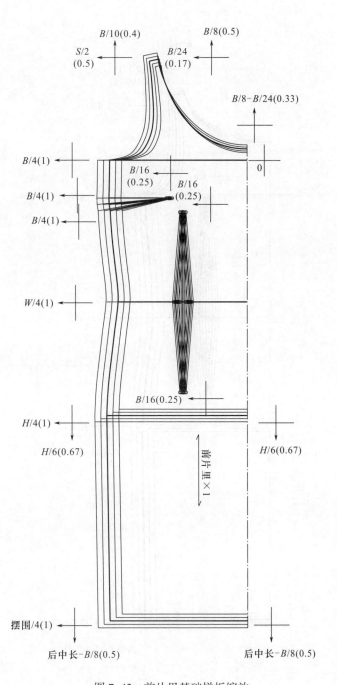

图 7-42 前片里基础样板缩放

（二）后片里基础样板缩放

后片里基础样板各放码点计算公式和数值，如图 7-43 所示（括号内为放码点数值）。袖片里与袖片面的缩放一样。

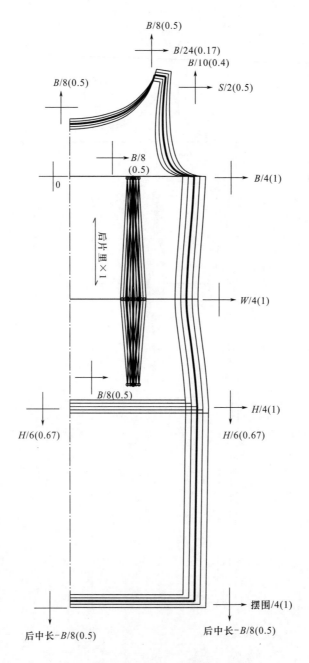

图 7-43　后片里基础样板缩放

项目五　插肩袖 A 摆连衣裙

流程一　服装分析

试一试：请认真观察表 7-9 所示的效果图，从以下几个方面对插肩袖 A 摆连衣裙进行分析。

一、款式图分析（样衣分析）

（一）款式分析

1. 整体款式特点
2. 领子特点
3. 袖子特点
4. 腰部特点
5. 口袋特点
6. 开口特点

（二）材料分析

1. 面料分析
2. 辅料分析

（三）工艺分析

1. 整体工艺处理方式
2. 领口工艺处理方式
3. 开口工艺处理方式
4. 口袋工艺处理方式

二、尺寸规格设计

试一试：请自己先对该款式设计尺寸规格表，然后对照表 7-10 的尺寸规格表，分析主要部位尺寸设置的特点。

该款式呈合体 X 型，下摆呈 A 型展开，摆围尺寸要比臀围大，后领中开口位置要考虑满足穿脱需求，不设置领围尺寸，插肩袖的袖长从袖中线领肩点量起。该款式设置四个档，中间板采用 M 号，即 160/84A 的尺寸规格。

表7-9　插肩袖A摆连衣裙产品设计订单（一）

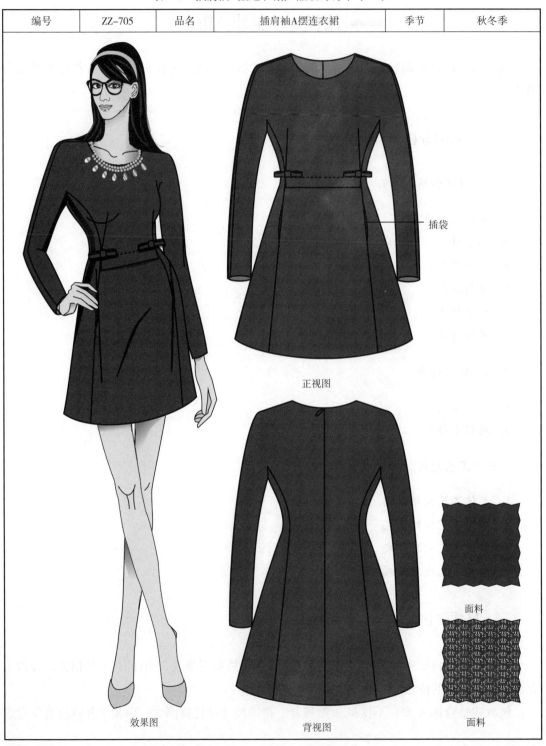

| 编号 | ZZ-705 | 品名 | 插肩袖A摆连衣裙 | 季节 | 秋冬季 |

插袋

正视图

效果图　　　　　　　　背视图　　　　　　面料

面料

表7-10　插肩袖A摆连衣裙产品设计订单（二）

编号	ZZ-705	品名	插肩袖A摆连衣裙		季节	秋冬季
尺寸规格表（单位：cm）						
部位＼号型		S	M		L	XL
后中长		80	81		82	83
胸围		83	87		91	95
腰围		76	80		84	88
臀围		84	88		92	96
袖长(从领肩点量)		63	64		65	66
袖口		20	21		22	23
袖肥		29	30		31	32
款式说明						

款式说明

1. 整体款式特点：长度到大腿中下部，造型呈合体X型，下摆呈A型展开，三开身结构，前片左右各一个侧腰胸省，前腰两侧装饰蝴蝶结
2. 领子特点：圆形领口领
3. 袖子特点：全插肩九分袖，袖片与衣身相连
4. 腰部特点：前片在腰节线位置断开折叠做水盖，后片腰节不断开
5. 口袋特点：前面左右侧片分割线处各有一个插袋
6. 开口特点：后中开口装隐形拉链

材料说明

1. 面料说明：主要采用染色针织面料，纬向有较大弹性，经向没有弹性
2. 辅料说明：做全里，里布采用薄的同色针织面料，纬向有弹性，经向没有，插肩袖肩部袖中缝使用直纱牵条，后中开口和插袋开口处使用直纱黏合衬，一条50cm长的隐形拉链

工艺说明

1. 衣片裙片拼缝、肩缝、侧缝采用包缝工艺，下摆折边暗缲针与里布固定
2. 领口装贴边
3. 后中开口装隐形拉链
4. 前衣片与侧片缝边开口做插口袋，袋布采用裙身面料

流程二　服装制板

一、结构制图

试一试：请采用 M 号，即 160/84A 针织女上装基本型基础数据和订单的尺寸规格进行结构制图。

注意先绘制后片，再在后片基础上绘制前片。

（一）后片结构制图（图7-44）

制图关键：

（1）按针织女上装基本型基础数据确定插肩袖 A 摆连衣裙前后片基础线：按 160/84A 针织女上装基本型的前后领宽、前后肩斜度基础数据确定插肩袖 A 摆连衣裙前后片基础线，然后在此基础上设置长度线和宽度线，绘制后片。

（2）后侧片绘制：后侧片从后片腋下对合点向下收腰分割，至下摆展开，侧缝线画直，与前侧片拼接，如图7-44 所示。

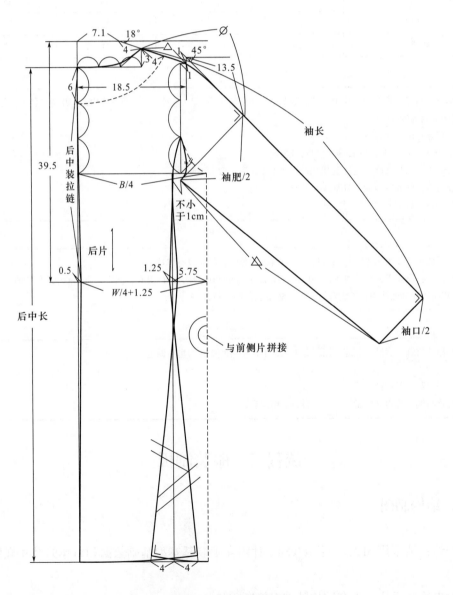

图 7-44　后片结构制图

（3）袖子绘制：将肩点抬高 1cm 以后做袖中倾斜线，后袖中倾斜角度 45 度，前袖中倾斜角度 47 度，腋下重叠部分与前后片距离不小于 1cm，才能加放缝份如图 7-44、图 7-45 所示。

（二）前片及零部件结构制图（图 7-45）

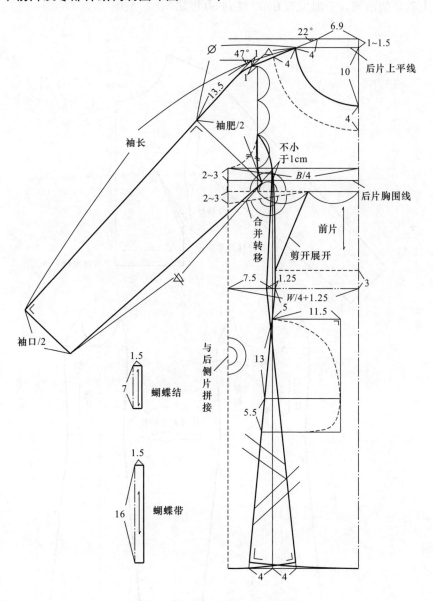

图 7-45　前片及零部件结构制图

制图关键：

（1）胸省处理：前片胸省在前衣片的部分合并转移到腰侧省，如图 7-46（a）所示。前片胸省在前侧片的部分进行拼接，如图 7-46（b）所示，拼接后的前侧片再与后侧片拼接成侧片，如图 7-46（c）所示。

（2）水盖处理：前衣片与前裙片在腰部断开重叠，前衣片沿翻折线翻转出重叠量做水盖，如图 7-46（a）所示。

拓展知识：插肩袖袖中线倾斜角度决定腋下重叠部分的大小，夹角小，重叠量少，但腋下会产生较多的褶皱，一般设置在 30 度到 60 度之间。

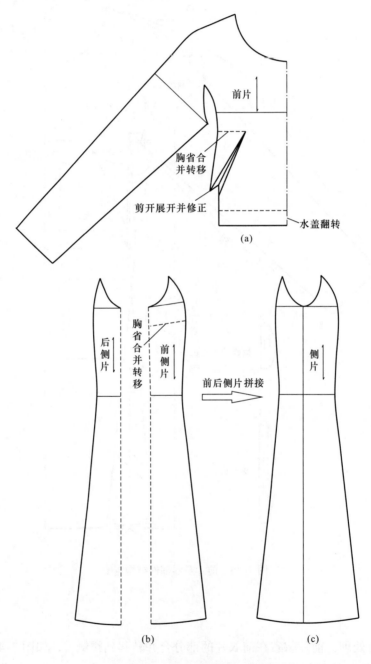

图 7-46　胸省处理

二、样板制作

（一）复制样片

1. 复制面料样片

想一想：面料样片有哪些，一共有几片？

（1）前身：前衣片、前裙片。

（2）后身：后片。

（3）侧身：侧片。

（4）零部件：前领贴边、后领贴边、袋布、蝴蝶结、蝴蝶带。

共有9片。

2. 复制里料样片

想一想：里料样片有哪些，一共有几片？

（1）前身：前片。

（2）后身：后片。

（3）侧身：侧片。

共有3片。

（二）检查样片

想一想：需要检查的部位有哪些？

（1）长度检查：主要检查前、侧拼缝；后、侧拼缝；前、后袖长；前、后领贴边缝边等，如图7-47、图7-48所示。

（2）拼合检查：主要检查前、后领圈；前、侧底摆；后、侧底摆；前、后领贴边弧度等，如图7-47、图7-48所示。

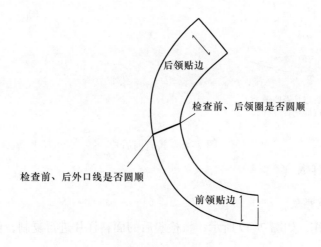

图7-47　检查领贴边

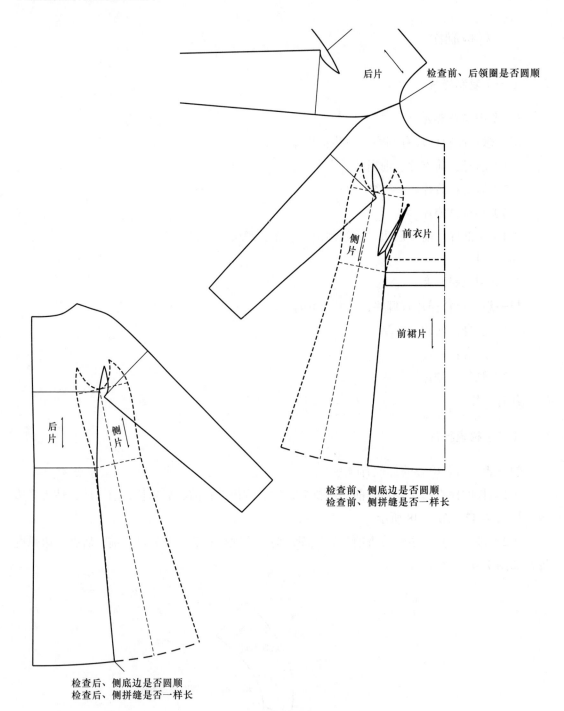

图 7-48　检查前后片

（三）制作净样板

1. 制作面料净样板

面料净样板制作，如图 7-49 所示，将检验后的面料样片进行复制，作为插肩袖 A 摆连衣裙的面料净样板。

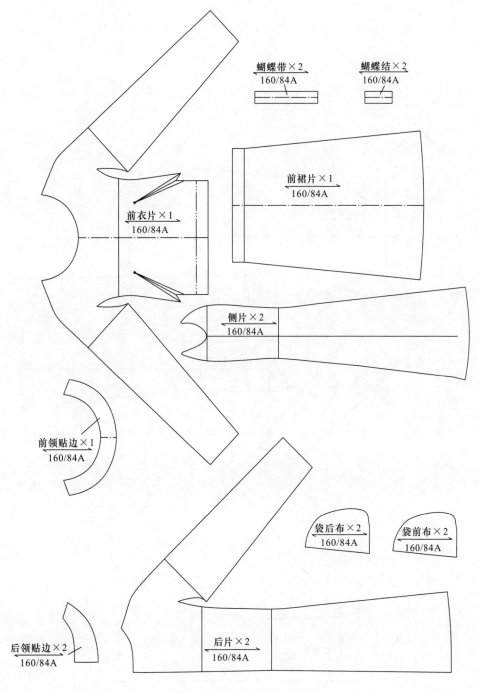

图 7-49　面料净样板制作

2. 制作里料净样板

里料净样板制作，如图 7-50 所示，将检验后的里料样片进行复制，作为插肩袖 A 摆连衣裙的里料净样板。

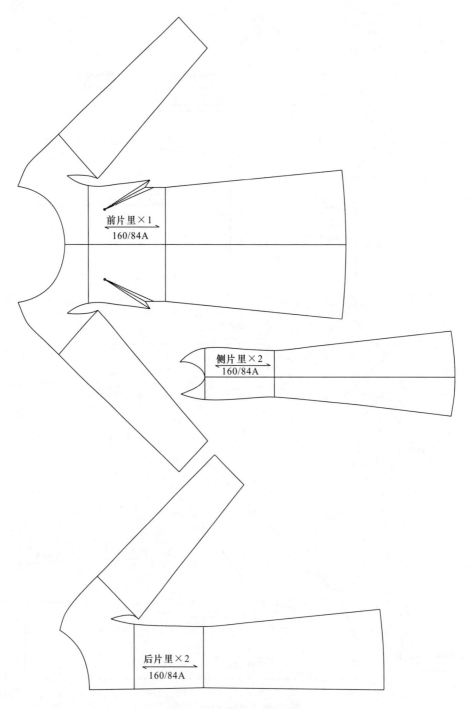

图 7-50　里料净样板制作

（四）制作毛样板

1. 制作面料毛样板

面料毛样板制作，如图 7-51 所示，在插肩袖 A 摆连衣裙的面料净样板上按图 7-51 所示各缝边的缝份进行加放，注意前后衣片腋下缝边量根据间距至少加放 0.5cm。

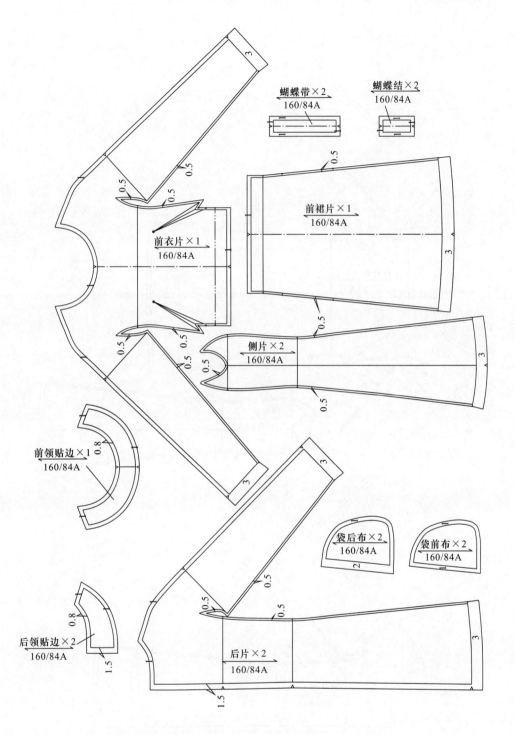

图 7-51　面料毛样板制作

2. 制作里料毛样板

里料毛样板制作，如图 7-52 所示，在插肩袖 A 摆连衣裙的里料净样板上按图 7-52 所示各缝边的缝份进行加放。

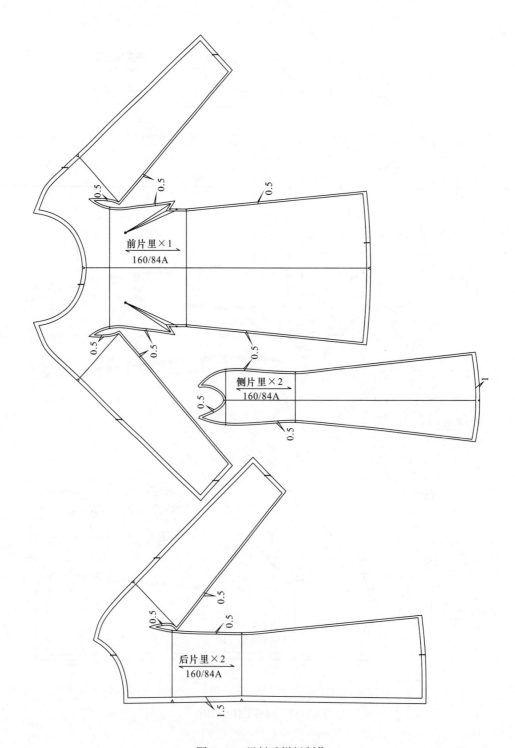

图 7-52　里料毛样板制作

流程三　样板检验

插肩袖 A 摆连衣裙款式样衣容易出现的弊病和样板修正方法有以下内容。

一、插肩袖袖头鼓包

插肩袖袖头无法顺服肩臂形状，呈鼓包现象，原因是袖中倾斜线与肩线所成的弧线太凸，调整方法是将袖中倾斜线与肩线拐弯弧度调平缓一点，如图 7-53 所示。

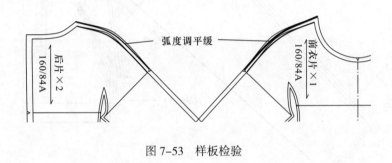

图 7-53　样板检验

二、插肩袖腋下布料堆积，褶皱较多

手臂自然下垂时，插肩袖腋下会略有布料堆积形成褶皱，但手臂侧举 45 度左右时腋下会平整，如果布料余量太多，那么手臂下垂时因堆积形成的褶皱就会较多较明显，原因是袖中线倾斜角度太小，袖下重叠量太多，调整方法是增加袖中线倾斜角度，减小袖下重叠量。

其他常见弊病和样板修正方法参照本模块项目三，样板修正以后要对样板再进行复核，包括长度检查、拼合检查，加放即将投产原材料的回缩量。

流程四　样板缩放

一、面料样板缩放

（一）前片基础样板缩放

前片基础样板各放码点计算公式和数值，如图 7-54 所示（括号内为放码点数值）。

重点提示： 前衣片以前中线和前袖窿深线的交点为坐标原点，前裙片以前中线和前腰口线的交点为坐标原点。

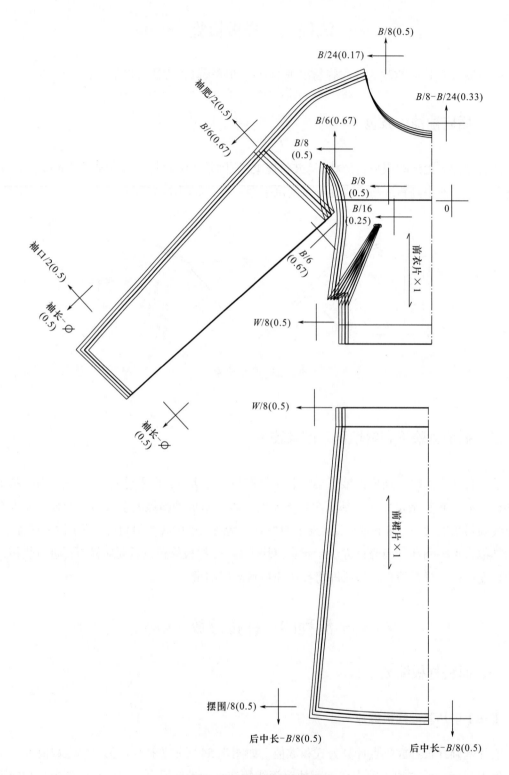

图 7-54　前片基础样板缩放

（二）后片基础样板缩放

后片基础样板各放码点计算公式和数值，如图 7-55 所示（括号内为放码点数值）。

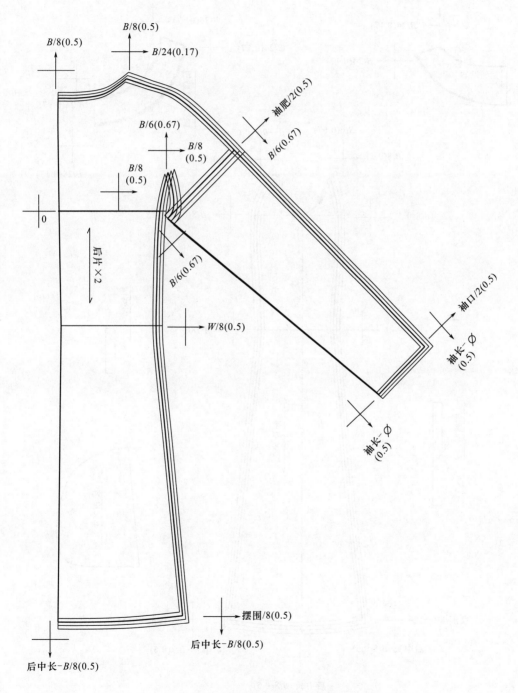

图 7-55　后片基础样板缩放

（三）侧片及零部件基础样板缩放

侧片及零部件基础样板各放码点计算公式和数值，如图7-56所示（括号内为放码点

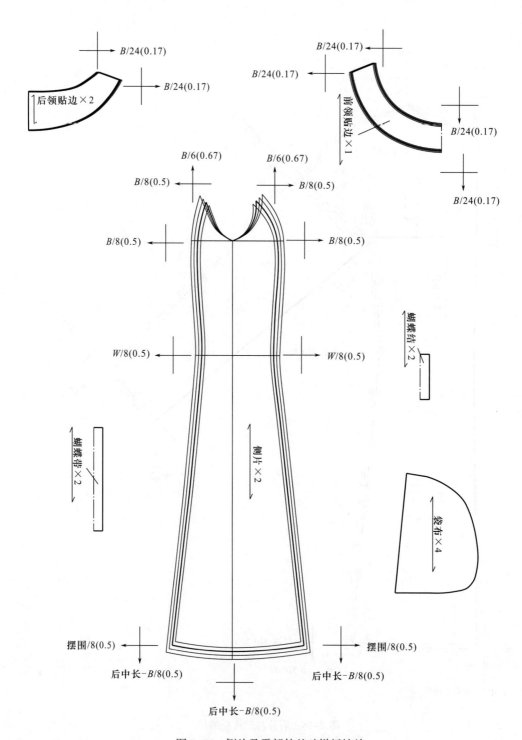

图7-56 侧片及零部件基础样板缩放

数值）。

二、里料样板缩放

重点提示：里料样板是在面料样板缩放的基础上提取出来的，取出后的里料系列样板如图 7-57 所示。

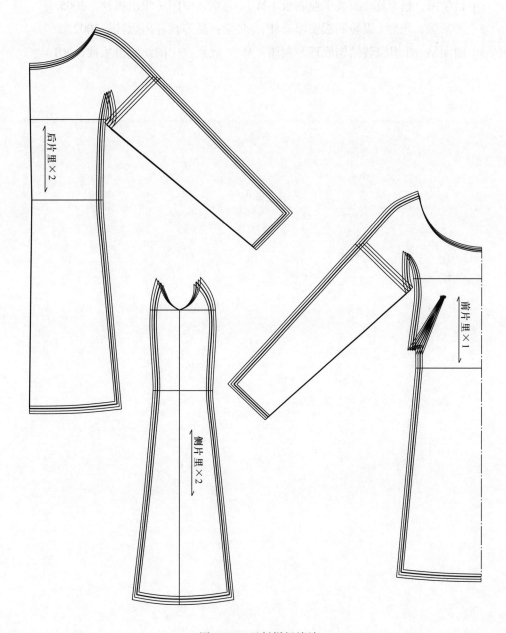

图 7-57　里料样板缩放

参考文献

［1］吕学海，杨奇军.服装工业制板［M］.北京：中国纺织出版社，2005.

［2］王家馨，张静.服装制板实习［M］.北京：高等教育出版社，2002.

［3］谢丽钻.针织服装结构原理与制图［M］.北京：中国纺织出版社，2014.